工业和信息化
精品系列教材

U0740202

Python 语言
程序设计

项目式 微课版

李玮 于丽娜 左楠◎主编

刘志勇◎副主编

人民邮电出版社

北 京

图书在版编目（CIP）数据

Python 语言程序设计 : 项目式 : 微课版 / 李玮,
于丽娜, 左楠主编. -- 北京 : 人民邮电出版社, 2025.
（工业和信息化精品系列教材）. -- ISBN 978-7-115
-65968-2

Ⅰ. TP312.8

中国国家版本馆 CIP 数据核字第 20240BB473 号

内 容 提 要

本书面向初学 Python 的读者详细地介绍 Python 的基础知识。全书共 9 个项目，包括 Python 概述、
数据类型及运算符的应用、流程控制结构应用、函数的应用、Python 数据结构的应用、面向对象编程、
文件、异常处理、数据库操作。本书内容丰富、案例实用，在讲解基础知识的同时结合实际案例，以
项目教学的方法让读者边学边做，顺利达到实战水平。

本书可作为应用型本科院校和高等职业院校电子与信息大类专业相关课程的教材，也可作为广大
Python 开发爱好者的自学参考书。

◆ 主　　编　李　玮　于丽娜　左　楠
　　副 主 编　刘志勇
　　责任编辑　刘　尉
　　责任印制　王　郁　焦志炜

◆ 人民邮电出版社出版发行　　北京市丰台区成寿寺路 11 号
　　邮编　100164　　电子邮件　315@ptpress.com.cn
　　网址　https://www.ptpress.com.cn
　　固安县铭成印刷有限公司印刷

◆ 开本：787×1092　1/16
　　印张：12.25　　　　　　　　　　　　2025 年 6 月第 1 版
　　字数：349 千字　　　　　　　　　　2025 年 9 月河北第 2 次印刷

定价：49.80 元

读者服务热线：(010)81055256　印装质量热线：(010)81055316
反盗版热线：(010)81055315

前言

Python 是一种跨平台、交互式、面向对象、解释型的计算机程序设计语言，它具有丰富和强大的库，能够轻松地把用其他语言开发的各种模块连接在一起。Python 主要应用于 Web 应用和互联网开发、科学计算和统计、人工智能、大数据处理、网络爬虫、游戏开发、图形处理、界面开发等领域。对初级程序员而言，Python 是一款很优秀的语言，它支持广泛的应用程序开发，包括简单的文字处理和游戏开发，并且简单易学。

Python 的优点主要有以下 3 个。

1. 简单易学

Python 入门快捷、上手容易，用它编写的程序简单又易懂。Python 适合初学者学习，并且随着学习的深入，编写大而复杂的程序是水到渠成的事情。

2. 拥有丰富的库

Python 的最大优势是它有丰富且齐全的库。这些库支持许多常见编程任务，无论你想通过计算机实现何种功能，Python 都能提供相应的模块，从而大大缩短开发周期，避免重复、无效劳动。

3. 可移植

由于 Python 具有"开源"的本质，它已被成功地移植到许多平台上。良好的可移植性可以延长软件的生命周期。

本书将 Python 程序设计的相关知识按由易到难、由浅入深的原则分为 9 个项目，每个项目又细分为若干个任务，通过对项目任务的学习，读者可以掌握 Python 程序设计的基础知识。另外，本书构建了任务导入、相关知识、任务实施、拓展创新、项目小结、素质拓展、课后任务的学习模式，能帮助基础较弱的读者快速上手，打好 Python 程序设计基础。

本书由河北工业职业技术大学李玮、于丽娜、左楠任主编，刘志勇任副主编。还有部分老师参与了部分项目和实例程序的编写工作。

由于编者水平有限，本书难免存在疏漏之处，敬请专家与读者批评指正。

编者

2025 年 3 月

目录

项目1

Python 概述——搭建开发环境 ………………………… 1

1.1 任务导入 ……………………………… 1
1.2 相关知识 ……………………………… 2
  1.2.1 认识 Python ……………………… 2
  1.2.2 Python 的运行机制 ……………… 4
  1.2.3 Python 的开发工具 ……………… 5
1.3 任务实施 ……………………………… 6
  1.3.1 任务一：在 Windows 操作
    系统中安装 Python ………… 6
  1.3.2 任务二：安装 Python 开发
    工具 ……………………………… 9
  1.3.3 任务三：实现第一个 Python
    程序 …………………………… 15
  1.3.4 任务四：使用第三方库
    进行开发 ……………………… 19
1.4 拓展创新 …………………………… 21
  1.4.1 任务一：检查 Linux 操作
    系统中的 Python 环境 …… 21
  1.4.2 任务二：安装 PyDev 插件
    并使用 Eclipse 实现第一个
    Python 程序 ………………… 22
1.5 项目小结 …………………………… 27
【素质拓展】工匠精神，敬业求精 …… 27
【课后任务】 …………………………… 28

项目2

数据类型及运算符的应用——冬奥会计时牌的开发 …… 29

2.1 任务导入 …………………………… 29
2.2 相关知识 …………………………… 30
  2.2.1 Python 语法规则 …………… 30
  2.2.2 变量与常量 …………………… 35
  2.2.3 基本数据类型 ………………… 36
  2.2.4 运算符与表达式 ……………… 36
2.3 任务实施 …………………………… 45
  2.3.1 任务一：冬奥会计时牌的
    时间设置功能开发 ………… 45
  2.3.2 任务二：冬奥会计时牌的
    时间转换功能开发 ………… 45
  2.3.3 任务三：冬奥会计时牌的
    显示功能开发 ……………… 46
2.4 拓展创新 …………………………… 46
2.5 项目小结 …………………………… 47
【素质拓展】冬奥会精神：胸怀大局、
  自信开放、迎难而上、
  追求卓越、共创未来 ……… 48
【课后任务】 …………………………… 48

项目3

流程控制结构应用——智能导盲犬功能开发 …………… 50

3.1 任务导入 …………………………… 50

3.2 相关知识 ················ 51

　　3.2.1 算法与程序流程图 ········· 51

　　3.2.2 分支结构 ············· 53

　　3.2.3 循环结构与跳转语句 ······ 57

3.3 任务实施 ················ 63

　　3.3.1 任务一：智能导盲犬避障

　　　　　方向控制 ·········· 63

　　3.3.2 任务二：智能导盲犬避障

　　　　　速度控制 ·········· 64

　　3.3.3 任务三：智能导盲犬功能

　　　　　测试 ············· 65

3.4 拓展创新 ················ 65

　　3.4.1 while 循环控制 ········· 65

　　3.4.2 循环中的 else 子句 ······· 66

3.5 项目小结 ················ 67

【素质拓展】科学家精神：不断探索、

　　　　　　不怕失败 ········ 67

【课后任务】 ················· 67

项目 4

函数的应用——模拟探月
工程 ················ 70

4.1 任务导入 ················ 70

4.2 相关知识 ················ 71

　　4.2.1 Python 函数基础 ········ 71

　　4.2.2 变量作用域 ··········· 77

　　4.2.3 自定义模块与包 ········· 79

4.3 任务实施 ················ 83

　　4.3.1 任务一：探月工程倒计时

　　　　　函数的开发 ········· 83

　　4.3.2 任务二：火箭发射功能的

　　　　　开发 ············· 84

　　4.3.3 任务三：月球采样功能的

　　　　　开发 ············· 84

　　4.3.4 任务四：探月返航功能的

　　　　　开发 ············· 85

4.4 拓展创新 ················ 86

　　4.4.1 递归函数 ············· 86

　　4.4.2 匿名函数 ············· 88

4.5 项目小结 ················ 89

【素质拓展】探月精神：追逐梦想、

　　　　　　勇于探索、协同攻坚、

　　　　　　合作共赢 ········ 89

【课后任务】 ················· 89

项目 5

Python 数据结构的应用
——“智慧旅游网络预约系统”
设计 ················ 91

5.1 任务导入 ················ 91

5.2 相关知识 ················ 92

　　5.2.1 列表 ··············· 92

　　5.2.2 元组 ··············· 93

　　5.2.3 字典 ··············· 95

　　5.2.4 集合 ··············· 97

　　5.2.5 字符串 ············· 98

　　5.2.6 数据类型转换 ········· 102

5.3 任务实施 ················ 104

　　5.3.1 任务一：门票预约结果

　　　　　数据导入功能的开发 ····· 104

5.3.2 任务二：查询门票预约
结果功能的开发·········105

5.3.3 任务三：根据条件查询
预约结果功能的开发·····106

5.4 拓展创新·········107

5.5 项目小结·········113

【素质拓展】弘扬和传承中华优秀传统
文化·········113

【课后任务】·········113

项目 6

面向对象编程——生态保护
模拟系统开发·········115

6.1 任务导入·········115

6.2 相关知识·········116

6.2.1 类与对象·········116

6.2.2 属性与方法·········118

6.2.3 继承和多态·········121

6.3 任务实施·········124

6.3.1 任务一：塞罕坝林场类的
封装·········124

6.3.2 任务二：林场分场类的
开发·········125

6.3.3 任务三：环境治理方法的
开发·········126

6.4 拓展创新·········127

6.5 项目小结·········128

【素质拓展】使命在身，接续拼搏
甘奉献的塞罕坝精神·······128

【课后任务】·········129

项目 7

文件——项目文件管理系统
开发·········131

7.1 任务导入·········131

7.2 相关知识·········132

7.2.1 文件的打开与关闭·····132

7.2.2 文件内容的读写·········134

7.2.3 文件的保存路径·········140

7.3 任务实施·········142

7.3.1 任务一：项目文件的
新建·········142

7.3.2 任务二：项目文件的
修改·········142

7.3.3 任务三：项目文件的
管理·········143

7.4 拓展创新·········144

7.5 项目小结·········145

【素质拓展】文件保密的重要性·······145

【课后任务】·········146

项目 8

异常处理——系统异常处理
预案·········147

8.1 任务导入·········147

8.2 相关知识·········147

8.2.1 异常捕获·········148

8.2.2 异常处理·········155

8.2.3 抛出异常·········157

8.3 任务实施·········161

8.3.1 任务一：系统异常感知
功能的开发 ……… 161

8.3.2 任务二：系统异常预案
处理功能的开发 ……… 162

8.3.3 任务三：系统异常预案
优化功能的开发 ……… 162

8.4 拓展创新 ……… 163

8.5 项目小结 ……… 164

【素质拓展】抗震救灾精神 ……… 164

【课后任务】 ……… 164

9.2.1 创建和管理数据库 ……… 167

9.2.2 创建和管理数据表 ……… 173

9.2.3 添加和管理数据 ……… 179

9.3 任务实施 ……… 182

9.3.1 任务一：电子档案管理
系统的数据库管理 ……… 182

9.3.2 任务二：电子档案管理
系统的数据表管理 ……… 183

9.3.3 任务三：电子档案管理
系统的数据管理 ……… 184

9.4 拓展创新 ……… 185

9.5 项目小结 ……… 187

【素质拓展】国产数据库创新与新时代
北斗精神 ……… 187

【课后任务】 ……… 187

项目 9

数据库操作——电子档案管理系统的开发 …………… 166

9.1 任务导入 ……… 166

9.2 相关知识 ……… 166

项目1
Python概述
——搭建开发环境

01

项目描述

在项目产品开发中，开发环境搭建是首要阶段，也是必要阶段。只有把开发环境搭建好了，才可以进行后续的开发工作。良好的开发环境将为后续的开发工作带来极大便利。选择合适的工具是搭建开发环境的关键步骤，包括选择适合项目的编程语言、集成开发环境和代码编辑器。配置这些工具以适应团队的开发习惯和项目要求对提高开发效率至关重要。

对大型软件企业来说，开发环境搭建工作一般由运维工程师负责，然而，在一些中小型软件企业中，开发环境搭建工作由开发人员负责。开发环境的搭建工作非常重要，只有让开发环境稳定运行，后续的开发才会顺畅、便利。

本项目将进行Python开发工具的选择和安装，并进行参数的设置，最后实现第一个Python程序。

1.1 任务导入

Python 是一种简单易学、功能强大且应用广泛的编程语言，它有高效的高层数据结构，能简单而有效地实现面向对象编程。Python 简洁的语法和对动态输入的支持，再加上解释性语言的本质，使得它对于许多领域的大多数平台都是一个理想的脚本语言，特别适用于快速应用程序开发。本项目首先介绍 Python 的相关知识，然后搭建 Python 开发环境。

知识目标
① 认识 Python。
② 了解 Python 的特点。
③ 了解 Python 的应用领域。
④ 掌握 Python 的运行机制。

能力目标
① 掌握在 Windows 操作系统中安装 Python 的方法。
② 掌握 Python 开发环境的搭建方法。
③ 掌握第三方库的导入。

学习任务
任务一：在 Windows 操作系统中安装 Python。
任务二：安装 Python 开发工具。
任务三：实现第一个 Python 程序。
任务四：使用第三方库进行开发。

1.2 相关知识

了解编程语言的特点和运行机制可以帮助开发者选择最契合自己需求的编程语言。不同的语言适用于不同的场景和任务，因此对于特定的项目或问题，选择合适的语言可以提高开发效率和代码质量。

1.2.1 认识 Python

了解编程语言的发展历程、特点和应用领域，可以更好地理解编程语言的演变过程、设计理念以及适用场景，从而更有效地选择和使用合适的编程语言来解决问题。

认识 Python

1. Python 的发展历程

Python 的设计者是来自荷兰的吉多·范罗苏姆（Guido van Rossum）。吉多在 20 世纪 80 年代初担任 ABC 编程语言的开发者。20 世纪 80 年代后期，吉多在阿姆斯特丹的荷兰国家数学与计算机科学研究学会工作时，为了打发假期的无聊时间，决心开发一个新的解释型编程语言，使其作为 ABC 语言的一种继承。可以说，在 Python 的发展历程中，ABC 语言的影响很大。

吉多希望他的新语言名称简短、新颖、神秘，因此他以 Python 命名了这个语言。由于"python"这个单词原本的含义是"蟒蛇"，因此 Python 的标志是两条蟒蛇的形状，如图 1-1 所示。

图 1-1 Python 的标志

吉多认为其早期参与开发的 ABC 语言非常优美和强大，是专门为非专业程序员设计的，而 ABC 语言的失败，归根结底是 ABC 语言不是开源语言。吉多决心在 Python 中避免这一问题。

1991 年，Python 第一个公开发行版本发布。它是一种面向对象的解释型计算机程序设计语言，使用 C 语言实现，并且能够调用 C 语言的库文件。从诞生起，Python 就具有类、函数、异常处理机制、包含表和字典在内的核心数据类型，以及以模块为基础的拓展系统。

Python 的版本主要分为 Python 2、Python 3 两个系列。Python 3 计划每年发布一个新的子版本，每次只增加两三种新语法。使用时当然选择越新的 Python 版本越好。Python 版本越老，代码维护越难。维护老版本的代码时，需要了解各版本之间的主要差异。从 Python 2 到 Python 3 是一个大版本升级，两者之间有很多不向下兼容的差异，导致很多 Python 2 的代码不能被 Python 3 的解释器运行。从 2020 年开始，Python 官方停止了对 Python 2 的维护。值得注意的是，Python 3.9 及其之后的版本不支持在 Windows 7 及其之前的 Windows 操作系统中使用。

2. Python 的特点

（1）简单易学。

Python 的语法非常简单，非常适合初学者理解并掌握。虽然 Python 的底层是用 C 语言写的，很多标准库和第三方库也都是用 C 语言写的，但是它摒弃了 C 语言中非常复杂的指针，简化了 C 语言的语法。开发者在使用 Python 时，只需编写很少的代码，就可以实现其他编程语言需要用很多代码才能实现的功能。Python 的这种伪代码本质是它最大的优点之一。它使开发者能够专注于解决问题而不是去搞明白语言本身。

（2）免费开源。

Python 是免费自由开源软件（Free/Libre and Open Source Software，FLOSS）之一。简单地说，我们可以自由地发布软件的副本、阅读它的源代码，并且可以改动它的源代码，或者把它的一部分用于新的自由软件中。这一切都是被允许的并且是免费的。Python 是基于团体分享知识的理念诞生的，它鼓励更加优秀的开发者来创造并改进它。

（3）可移植。

Python 是一门高级语言，用它编写程序时无须考虑底层细节。在计算机内部，Python 的解释器把源代码转换成字节码，然后把字节码转译成计算机使用的机器码并运行该机器码，开发者不需要担心如何编译程序。另外开发者只需把自己的 Python 程序复制到另一台计算机上，该程序就可以工作了，这使得 Python 程序非常易于移植。

（4）跨平台。

由于具有开源这一特点，Python 已经被移植到许多平台，在避免使用依赖于系统特性的基础上，大多数 Python 程序无须修改就可以在多个平台上运行，这些平台包括 Linux、Windows、FreeBSD、macOS、Solaris、OS/2 以及基于 Linux 开发的 Android、Ubuntu 等。

（5）面向对象。

Python 是完全面向对象（函数、模块、数字、字符串都是对象）的语言，并且完全支持继承、多态、重载、多重继承，这有益于增强源代码的复用性。与其他主要的语言（如 C++和 Java）相比，Python 以一种非常强大而又简单的方式实现面向对象编程。

（6）可扩展。

Python 本身被设计为可扩展的，所以并非所有的 Python 特性和功能都集成到其语言核心中。Python 提供了丰富的应用程序接口（Application Program Interface，API）和工具，以便程序员能够轻松地使用 C 语言、C++来编写扩充模块。

（7）可嵌入。

Python 编译器本身可以被集成到其他程序内。因此，Python 可以被嵌入 C 或 C++程序中，从而为开发者提供脚本功能；或者作为一种"胶水语言"（Glue Language）使用，对用其他语言编写的程序进行集成和封装。

（8）丰富的库。

Python 不但内置了功能强大的标准库，而且提供了许多第三方库（如 NumPy、SciPy 和 Matplotlib），这些库可以帮助我们处理各种工作。通过这些现成的库，我们只需编写很少的代码就能实现相关功能，大大提高了开发效率。另外，众多开源的科学计算软件包（如计算机视觉库 OpenCV、三维可视化库 VTK、医学图像处理库 ITK 等）也提供了 Python 的调用接口。

3. Python 的应用领域

软件产业是信息产业的核心之一，在我国经济中占据着重要的地位，在经济增长、产业升级、创新驱动和人才培养等方面起到了积极的作用。随着数字经济时代的到来，软件产业的地位和作用进一步提升。Python 在软件产业中扮演着重要的角色，广泛应用于各个领域和行业。我们常用的一些 Web 应用、后端服务、网络爬虫和图形界面设计软件等都有 Python 的身影。

（1）Web 应用开发。

Python 凭借自身具有的开源、跨平台等特点在 Web 应用开发领域得到了重视和应用。Python 定义的 Web 服务器网关接口（Web Server Gateway Interface，WSGI）已经成为标准应用接口，实现了以 Python 为基础的 Web 应用与超文本传送协议（Hypertext Transfer Protocol，HTTP）服务器间的良好通信，基于其发展起来的 Django 等 Web 框架可以帮助程序员开发与管理复杂程度较高的 Web 应用，在短时间内搭建起 Web 服务。除此之外，Python 携带的丰富的数据库、网页模板等均是免费的，可以为 Web 应用开发提供帮助。

（2）数据分析。

信息技术的进步带动了 Matplotlib、NumPy 等程序库的发展，同时也使 Python 在数据分析与计算领域得到了广泛应用。Python 除了能实现各种或简单或复杂的数学运算，还能进行二维（TwoDimension，2D）与三维（ThreeDimension，3D）图像的绘制，并且画面质量高。相比目前利用率较高的数学软件 Matlab，Python 的应用范围更大，能处理更多类型的数据与文件信息。

（3）人工智能。

Python 在人工智能（Artificial Intelligence，AI）领域也发挥了重要作用。人工智能的即时性需求较大，主要体现在实时决策、实时监测和预警、实时数据处理、实时交互和个性化推荐及实时更新和迭代等方面。这就要求人工智能应用能够快速、准确地处理和响应各种信息和任务。Python 的快速原型开发、强大的数据处理能力、开放的生态系统、跨平台支持和与其他语言的整合性等优势满足了人工智能的即时性需求，是实现人工智能的优秀选择。Python 提供了许多 AI 库以及机器学习库，其语法简单、文档优质，而且具备动态类型、解释性、面向对象、函数式编程、并发编程、强大的标准库和可扩展性等多重特性。Python 在人工智能领域主要用于机器学习，它借助 scikit-learn 等工具包中的计算类库实现机器学习。库中的数据信息十分丰富，包括数据预处理、降维等机器学习中常用的计算方法与模式。

（4）云计算。

Python 具有很强的灵活性，而且有模块化的特点。使用 Python 构建的 OpenStack 是云计算平台，该平台可以提供多种计算服务。

（5）自动化运维。

Python 在自动化运维领域的应用取得了一定的成果，而且得到了运维工程师的普遍认可。在很多操作系统中，Python 是标准的系统组件。大多数 Linux 发行版、OpenBSD 和 macOS 集成了 Python，可以在终端下直接运行 Python。通常情况下，用 Python 编写的系统管理脚本无论是可读性，还是性能、代码重用度及扩展性，都优于普通的 Shell 脚本。

1.2.2 Python 的运行机制

Python 代码的运行过程涉及以下两个操作。

（1）将源代码编译为字节码。

（2）转发字节码到虚拟机。

1. 字节码编译

在 Python 中，源代码在执行时会被编译为字节码。这个过程被称为字节码编译。字节码是一种中间形式的代码，它类似于机器码，但是不直接在计算机上执行，而由 Python 解释器执行。

Python 的运行机制

> 🌀 **拓展小知识**
>
> 编程语言分为编译型语言和解释型语言。
>
> 用编译型语言（比如C语言或Java）编写的程序可以将源代码转换为计算机使用的机器码（以二进制数表示），这个过程通过编译器来完成。编译器是一种将高级语言源代码转换为机器码（或称目标代码）的工具。编译器将源代码作为输入内容，经过词法分析、语法分析、语义分析、优化和代码生成等过程，最终生成可执行的机器码文件。这个过程只需要进行一次，生成的机器码可以直接在计算机上执行。

Python 属于解释型语言。解释执行的过程可以理解为转译。Python 解释器是一种解释执行 Python 源代码的工具。它将源代码逐行解释执行，而不需要像 C 语言那样先将其编译成机器码。Python 通过解释器把保存在扩展名为.py 的文件里的源代码转译成字节码，字节码会保存在扩展名为.pyc 的文件里。

解释器不会一次性把整个程序转译为字节码，而是在运行程序时逐行转译，因此解释型程序的运行速度比编译型程序慢。它每转译一行就立刻运行，然后转译下一行，再运行，如此不停地进行下去。

为了提高运行速度，Python 会自动检查.py 文件和.pyc 文件的时间戳，检测上次保存字节码之后有没有修改源代码。如果没有修改源代码，在下一次运行程序时，Python 就会加载.pyc 文件并且跳过字节码编译这个步骤；如果改变了源代码，下次运行程序时，将自动重新创建.pyc 文件。

2. Python 虚拟机

经过 Python 解释器生成的字节码会被发送到 Python 虚拟机（Python Virtual Machine，PVM）里执行。PVM 并不是一个独立的程序，不需要安装。PVM 可理解为 Python 的运行引擎，是一个迭代运行字节码的大循环，一个个地完成操作，直到结束。

PVM 机制的基本思想与 Java、.NET 一致。然而，与 Java 或.NET 的虚拟机不同的是，PVM 是一种抽象层次更高的虚拟机，它更远离真实计算机的底层。Python 还可以用交互模式运行，比如主流操作系统 Windows、UNIX、Linux、macOS 都可以在命令模式下直接下达操作指令来实现与 Python 的交互操作。

1.2.3　Python 的开发工具

开发工具（Development Tool）是指用于帮助开发人员编写、测试和调试代码的软件工具。开发工具通常能提供多种功能，例如代码编辑、语法高亮、自动补全、代码调试、单元测试等。一些常见的 Python 开发工具有 PyCharm、Visual Studio Code、Sublime Text 等。开发工具通常是一个独立的软件程序，需要安装在计算机上，并与 Python 解释器配合使用。

Python 的开发工具

软件开发环境（Software Development Environment，SDE）是一个综合性的概念，是指在基本硬件和软件的基础上，围绕着软件开发的一定目标而组织在一起的一组相关软件工具的有机集合。它不仅仅指开发工具，还包括与开发工具配套使用的其他软件和硬件资源（如工具集、交互系统、环境数据库等）。例如，当将 PyCharm 作为开发工具时，PyCharm 与使用的操作系统、Python 解释器、版本控制系统及其他相关软件一同构成软件开发环境。

简而言之，开发工具是指用于编写、测试和调试代码的软件工具，而开发环境包括开发工具及与之配套使用的其他软件和硬件资源。在实际的开发过程中，选择适合自己的开发工具并搭建良好的开发环境能够提升开发效率和开发体验。

Python 的开发工具可以提供一些额外的功能和便利，主要体现在以下几个方面。

（1）编辑器和集成开发环境（Integrated Development Environment，IDE）。Python 的开发工具通常提供了专门针对Python的编辑器和IDE。Python IDE 可以帮助开发者提高使用Python开发的速度，使开发工作更加高效。主流的 Python IDE 都会提供语法高亮、自动补全、代码调试、代码重构等功能，以帮助开发者减少冗余的操作，提高编程效率和代码质量。

拓展小知识

开发人员为了快速编写代码，提高开发效率，通常会使用IDE来辅助进行软件开发。IDE是一种用于构建应用程序的软件，可将常用的开发工具合并到单个图形用户界面中。

有了IDE，开发人员就可以快速为新应用编写代码，而无须在设置时手动配置和集成多个实用工具。此外，IDE可以帮助开发人员梳理工作流程，高效解决相关问题。IDE可在代码编写过程中对代码进行解析，从而实时识别人为导致的错误。事实上，IDE中的大多数功能都专为节约时间而生，比如智能代码补全功能、自动代码生成功能、语法突出显示功能，IDE将这些常见的实用功能全都集成在单个图形用户界面中，开发人员无须切换应用程序即可方便地执行操作。

（2）包管理工具。Python 的开发工具通常集成了包管理工具，如 pip。这类工具可以方便地安装、更新和管理第三方库和模块，使开发过程更加便捷。

（3）调试工具。Python 的开发工具通常提供了调试功能，作为调试工具帮助开发者定位和解决代码中的错误。调试工具可用于设置断点、单步执行、查看变量值等，帮助开发者理解代码执行过程和解决复杂问题。

（4）静态代码分析工具。Python 的开发工具通常集成了静态代码分析工具，如 pylint、flake8 等。这些工具可用于检查代码中的潜在问题、不规范的写法并提供优化建议，帮助开发者提高代码质量和可维护性。

（5）版本控制工具。Python 的开发工具通常集成了版本控制工具。这些工具可用于进行代码版本管理、合并和分支操作，有助于团队协作和代码的追踪和管理。

总之，安装 Python 的开发工具可以获得一些额外的功能和便利，帮助开发者提升编程效率、代码质量和开发体验。根据个人需求和习惯，选择适合自己的开发工具可以更好地进行 Python 开发。

1.3 任务实施

Python 开发环境由 3 个部分组成。

（1）Python 运行环境。Python 运行环境是 Python 程序运行的基础，所有 Python 程序需要依赖其才能够运行。

（2）Python IDE。IDE 是提供程序开发环境的应用程序，是集代码编写功能、分析功能、编译功能、调试功能等于一体的软件开发服务套件。Python IDE 可以帮助开发者快速、高效地开发 Python 程序。

（3）第三方库。进行 Python 开发时，除了使用 Python 内置的标准模块以及自定义的模块，还可以使用很多第三方库，这些第三方库可以在 Python 官方的查找包页面找到，如图 1-2 所示。

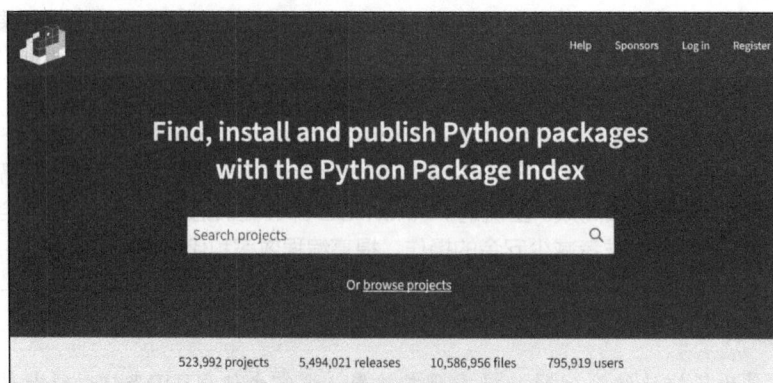

图 1-2 Python 官方的查找包页面

1.3.1 任务一：在 Windows 操作系统中安装 Python

Python 可以运行在 Windows、macOS、Linux 等主流操作系统中。Python 可以跨平台，在 Windows 操作系统中编写的 Python 程序可以运行在 Linux 操作系统中。本任务将介绍在 Windows 操作系统中安装 Python 的方法。

（1）进入 Python 官方网站，在首页的"Downloads"菜单中选择"Windows"命令，如图 1-3 所示，打开适用于 Windows 操作系统的 Python 下载界面，如图 1-4 所示。

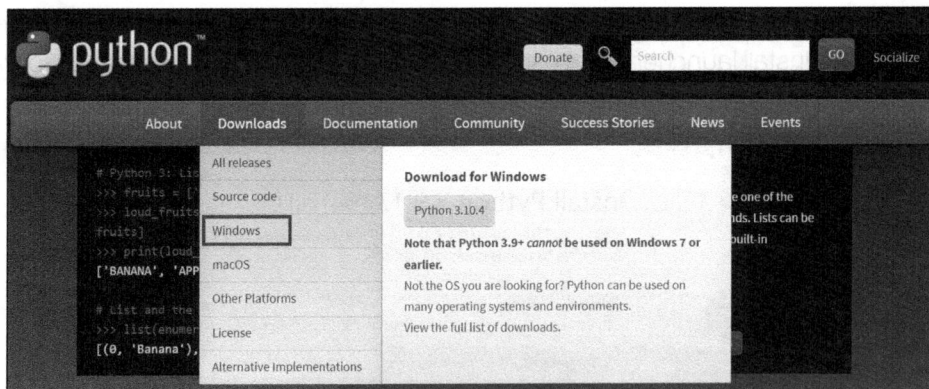

图 1-3 Python 官方网站

图 1-4 适用于 Windows 操作系统的 Python 下载界面

图 1-4 中标注了哪些版本适用于 32 位操作系统，哪些版本适用于 64 位操作系统。Python 安装包可能有如下 3 种类型。

- embeddable zip file：这是嵌入式版本，可以集成到其他应用程序中。
- Windows installer/executable installer：通过可执行文件（.exe）完成安装。
- web-based installer：联网后在线安装。

本任务安装适用于 Windows 64 位操作系统的 Python 3.9.13。单击"Windows installer (64-bit)"超链接，弹出图 1-5 所示的下载对话框，单击"保存"按钮后开始下载。

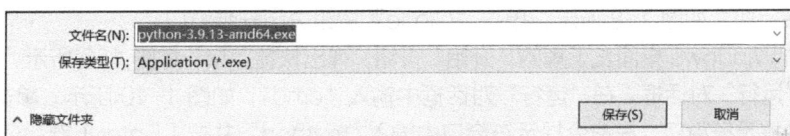

图 1-5 下载对话框

（2）下载成功后会得到一个扩展名为.exe 的可执行文件，双击此文件，打开安装窗口。在安装窗口的下方勾选"Install launcher for all users(recommended)"和"Add Python 3.9 to PATH"复选框，如图 1-6 所示。

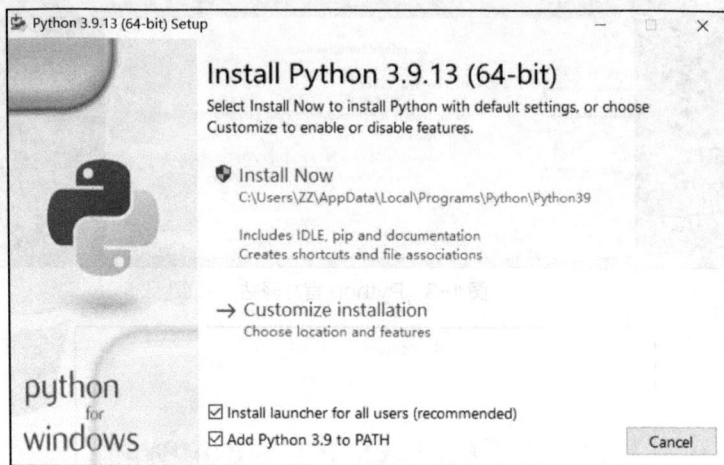

图 1-6　安装窗口

（3）单击"Install Now"按钮开始安装，安装窗口中将显示安装进度，如图 1-7 所示。

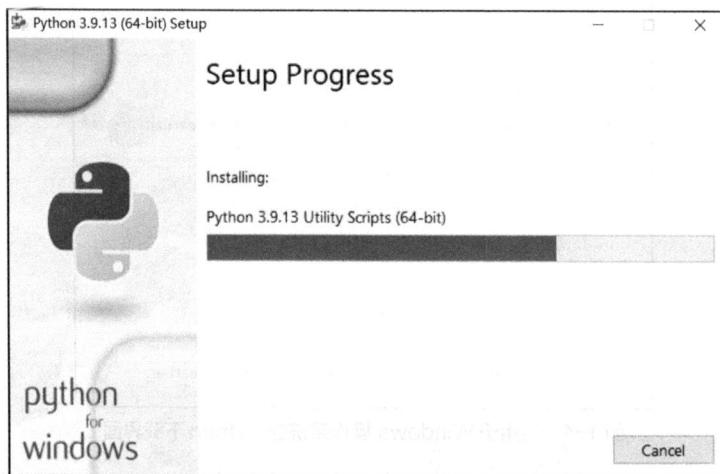

图 1-7　显示安装进度

> **注意**　勾选"Add Python 3.9 to PATH"复选框的目的是把 Python 的安装路径添加到系统路径下面。安装时勾选该复选框，安装完成后在命令提示符窗口中输入"python"时就会自动调用 python.exe 文件。如果不勾选该复选框，在命令提示符窗口中输入"python"时会报错。

（4）安装完成，如图 1-8 所示，单击"Close"按钮关闭安装窗口。

（5）右击 Windows 桌面左下角的"开始"按钮，弹出快捷菜单，如图 1-9 所示，选择"运行"命令，弹出"运行"对话框。在"运行"对话框中输入"cmd"，如图 1-10 所示，单击"确定"按钮后打开命令提示符窗口。在命令提示符窗口中输入"python"并按【Enter】键验证 Python 是否安装成功，如图 1-11 所示。

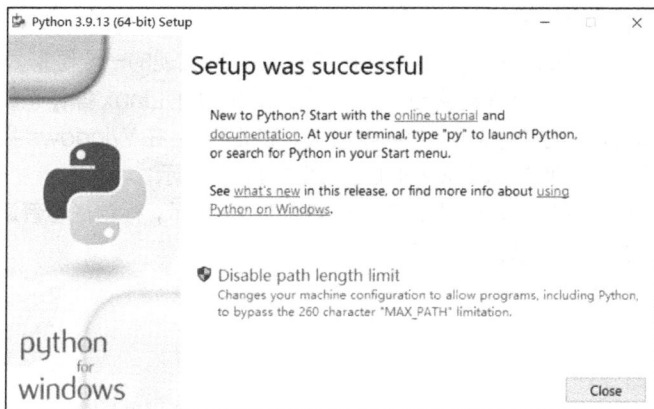

图 1-8　安装完成

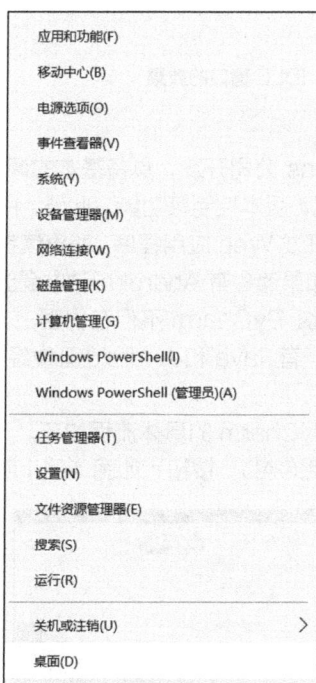

图 1-9　选择"运行"命令

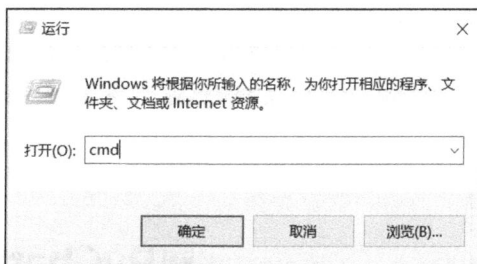

图 1-10　在"运行"对话框中输入"cmd"

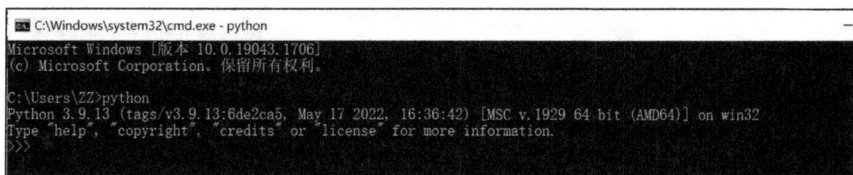

图 1-11　验证 Python 是否安装成功

1.3.2　任务二：安装 Python 开发工具

在计算机中安装 Python 后，接下来需要选择一款开发工具来编写 Python 程序。目前市面上有很多支持 Python 的开发工具，本书主要介绍两种 Python 开发工具——Python 自带的开发工具 IDLE 与 PyCharm。本任务要完成开发工具 PyCharm 的安装。

1. Python 自带的开发工具 IDLE

IDLE 是 Python 自带的开发工具，是使用 Python 库实现的一个图形界面的开发工具。在 Windows 操作系统中安装 Python 时会自动安装 IDLE，但是在 Linux 操作系统中安装 Python 时需要在终端中使用"yum"或"apt-get"命令单独安装 IDLE。在 Windows 操作系统中"开始"菜单的"Python 3.9"文件夹中可以找到 IDLE，如图 1-12 所示。

在 Windows 操作系统中，IDLE 窗口的效果如图 1-13 所示，标题栏与普通的 Windows 应用程序相同，但其中所写的代码是自动着色的。

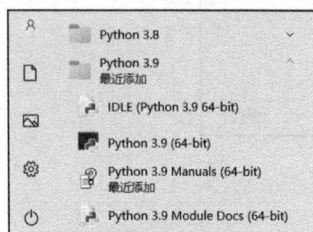

图 1-12 "开始"菜单中的 IDLE

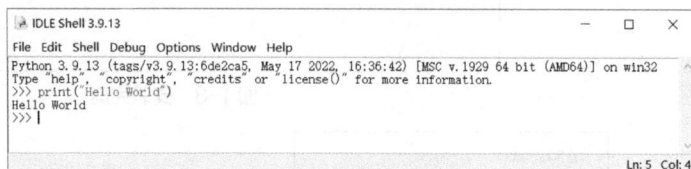

图 1-13 IDLE 窗口的效果

2. 安装 PyCharm

PyCharm 是一款常用的 Python 开发工具，由 JetBrains 公司开发，具备基本的调试、语法高亮、项目管理、代码跳转、智能提示、自动补全、单元测试、版本控制等功能。此外，PyCharm 还提供了一些高级功能，用于支持使用 Django、Flask 框架开发 Web 应用程序。如果读者有 Java 开发经验，就会发现 PyCharm 和 IntelliJ IDEA 十分相似；如果读者有 Android 开发经验，就会发现 PyCharm 和 Android Studio 十分相似。事实也正是如此，PyCharm 不但在界面上与 IntelliJ IDEA 和 Android Studio 相似，而且在用法上也相似。因此，有 Java 和 Android 开发经验的读者可以迅速上手 PyCharm。

在安装 PyCharm 之前需要安装 Python。下载、安装 PyCharm 的具体流程如下。

（1）登录 PyCharm 官方网站，单击页面中的"DOWNLOAD"按钮，如图 1-14 所示。

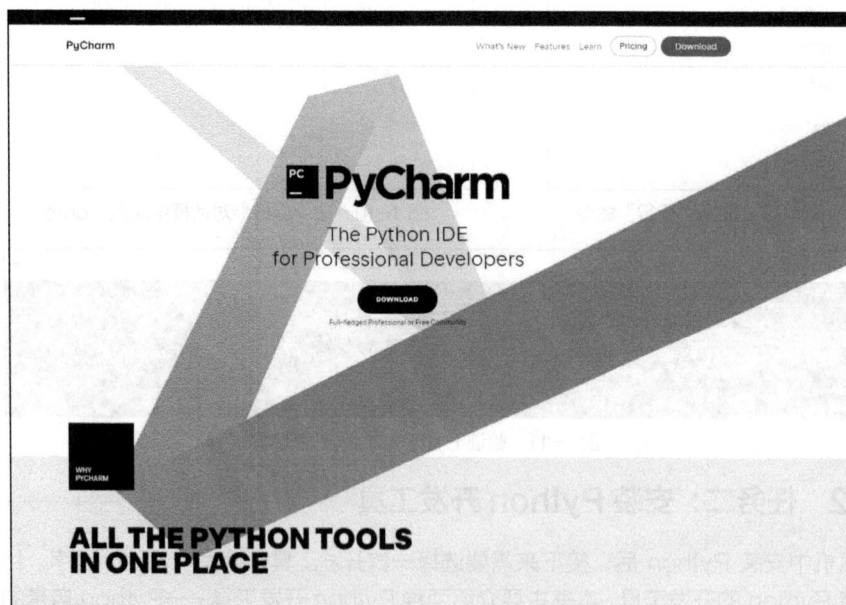

图 1-14 PyCharm 官方网站

打开的新页面中显示了可以下载的 PyCharm 版本，如图 1-15 所示。

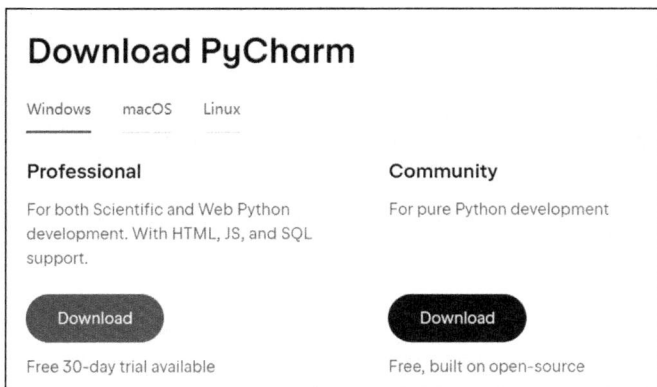

图 1-15　PyCharm 版本

PyCharm 提供了适用于 Windows、macOS 和 Linux 三大主流操作系统的版本，每种操作系统都有两种版本。

- Professional：专业版，可以使用 PyCharm 的全部功能，但是需要付费。
- Community：社区版，提供满足 Python 开发需求的大多数功能，完全免费。

（2）单击"Windows"选项卡中"Community"下面的"Download"按钮，下载适用于 Windows 操作系统的社区版。在弹出的对话框中单击"保存"按钮开始下载 PyCharm，如图 1-16 所示。

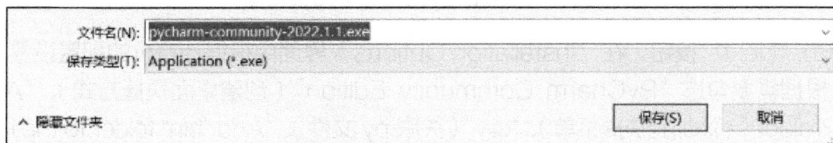

图 1-16　下载 PyCharm

（3）下载成功后会得到一个可执行文件。双击打开这个可执行文件，弹出图 1-17 所示的安装窗口。

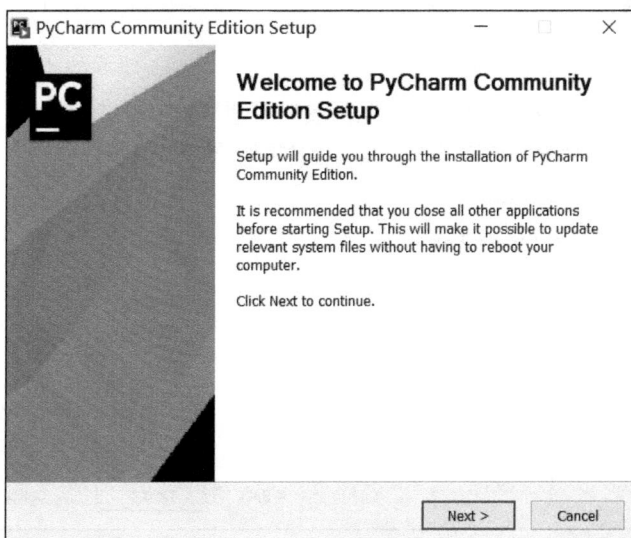

图 1-17　安装窗口

（4）单击"Next"按钮，在"Choose Install Location"界面中设置 PyCharm 的安装位置，如图 1-18 所示。

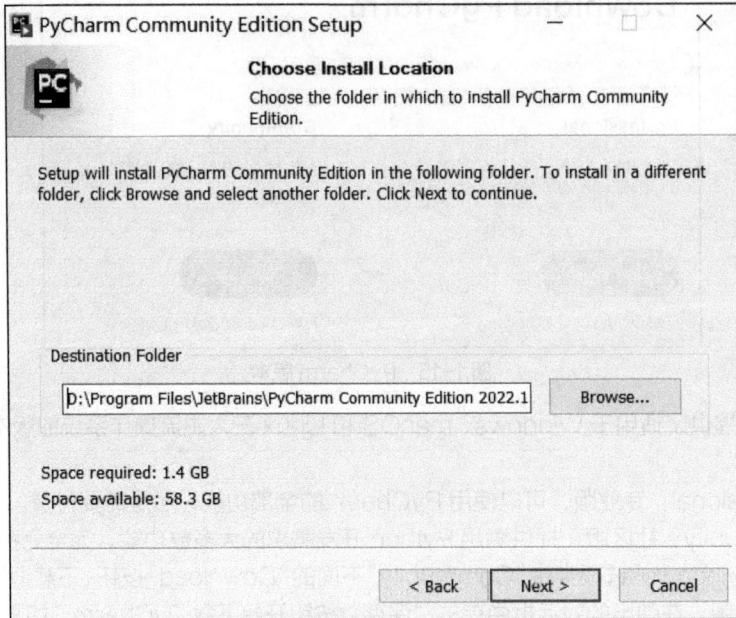

图 1-18　设置 PyCharm 的安装位置

（5）单击"Next"按钮，在"Installation Options"界面中根据计算机的配置设置 PyCharm 安装选项。根据需要勾选"PyCharm Community Edition"（创建桌面快捷方式）、"Add "Open Folder as Project""（添加到快捷菜单）、".py"（关联.py 文件）、"Add "bin" folder to the PATH"（将 PyCharm 的启动目录添加到环境变量）复选框，如图 1-19 所示。

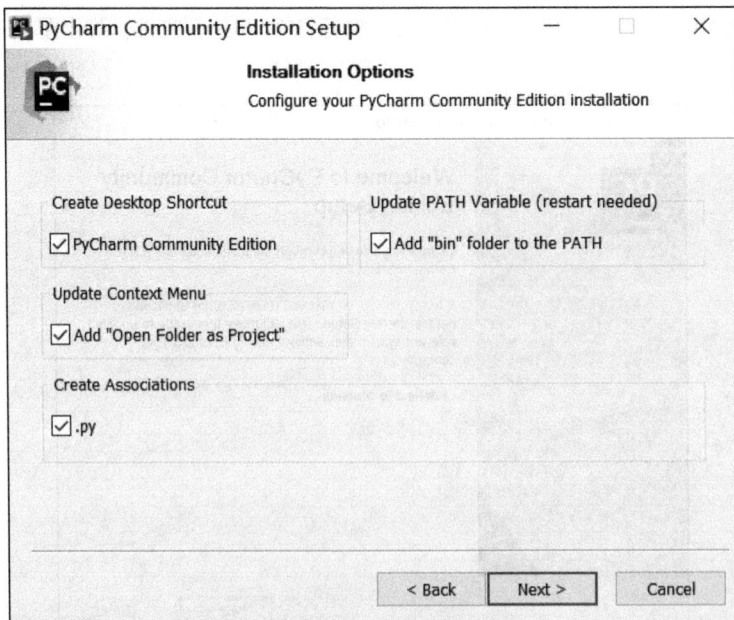

图 1-19　设置 PyCharm 安装选项

（6）单击"Next"按钮，在"Choose Start Menu Folder"界面中选择将在"开始"菜单中创建的文件夹的名称，如图 1-20 所示，安装后会在该文件夹中添加 PyCharm 快捷方式。

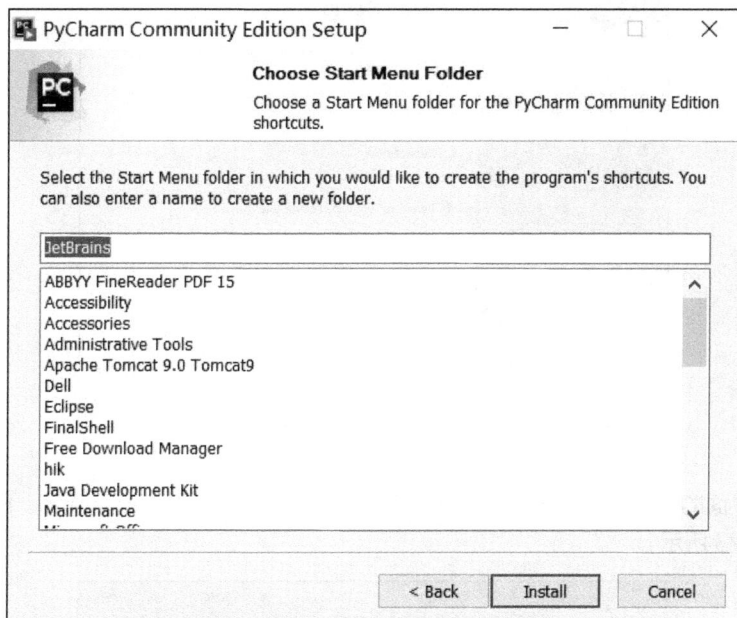

图 1-20　选择将在"开始"菜单中创建的文件夹的名称

（7）单击"Install"按钮开始安装，"Installing"界面中会显示安装进度，如图 1-21 所示。这一步的时间较长，需要耐心等待。

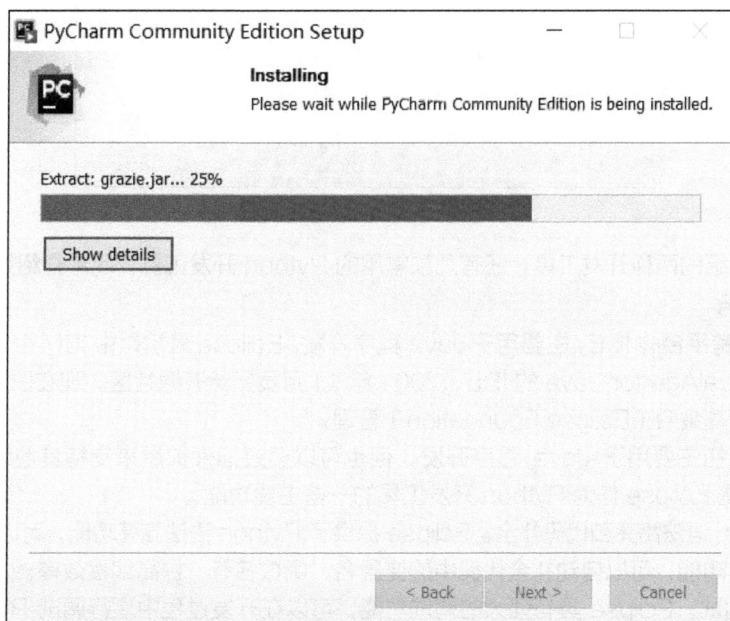

图 1-21　显示安装进度

（8）安装完成，如图 1-22 所示。根据需要选择"Reboot now"（立即重启）或者"I want to manually reboot later"（稍后重启）。单击"Finish"按钮完成 PyCharm 的全部安装工作。

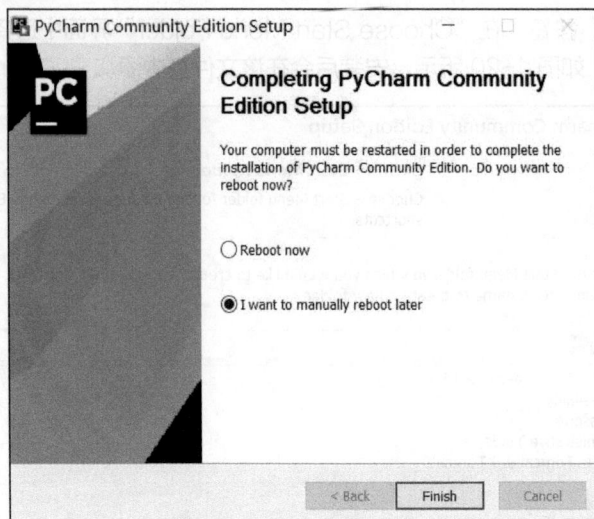

图 1-22　安装完成

（9）双击桌面的快捷方式或选择"开始"菜单中对应的命令启动 PyCharm。PyCharm 的启动界面如图 1-23 所示。

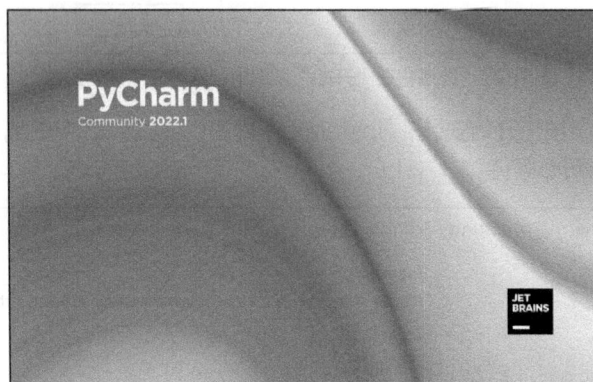

图 1-23　PyCharm 的启动界面

除了上面介绍的两种开发工具，还有几款常用的 Python 开发工具，简单介绍如下。

1. Eclipse

Eclipse 是跨平台的 IDE，主要用于 Java 程序开发。Eclipse 最初是由 IBM 公司开发的用于替代商业软件 VisualAge for Java 的 IDE，2001 年 11 月贡献给开源社区，现在由非营利软件供应商联盟 Eclipse 基金会（Eclipse Foundation）管理。

Eclipse 最初主要用于 Java 程序开发，但也可以通过插件扩展来支持其他编程语言，包括 Python。以下是 Eclipse 作为 Python 开发工具的一些主要功能。

（1）Python 语法高亮和代码补全。Eclipse 提供了 Python 语法高亮功能，可以使代码更易读。它还有代码补全功能，可以自动补全代码中的变量名、函数名等，提高编程效率。

（2）代码调试。Eclipse 具有强大的调试功能，可以在开发过程中逐行调试 Python 代码，查看变量的值、观察程序的执行流程，并进行断点调试等操作。

（3）项目管理和导航。Eclipse 可以创建和管理 Python 项目，包括源代码、库和依赖项。它提供了各种工具和视图，便于项目的管理和导航。

（4）单元测试。Eclipse 支持 Python 的单元测试框架，如 unittest 和 pytest。它可以自动运行测试用例并提供测试结果的反馈，帮助开发人员确保代码的质量。

（5）版本控制：Eclipse 可以集成常见的版本控制系统，如 Git 和 Subversion（SVN），使开发人员可以方便地管理和提交代码到代码仓库。

（6）扩展插件：Eclipse 是一个可扩展的开发平台，有许多可用于增强 Python 开发体验的第三方插件。例如，PyDev 是一个流行的 Eclipse 插件，专门为 Python 开发提供支持，提供了很多的功能和工具。

总而言之，Eclipse 通过扩展插件，可以支持 Python 开发，并具备代码编辑、调试、项目管理、单元测试和版本控制等功能。Eclipse 作为 Python 开发工具，可以提供一个集成的开发环境，帮助开发人员更高效地开发 Python 应用程序。

2. Visual Studio Code

Visual Studio Code（VS Code）由微软开发，免费且开源，并支持 Windows、macOS、Linux 等操作系统。VS Code 非常轻量，因此使用起来非常流畅，用户可以根据不同的需要自行安装扩展（Extensions），从而简化 Python 开发环境的配置。

3. Eric

Eric 是用 Python 编写的免费软件，源代码免费提供，任何人都可以研究和重新创建。它提供的一些高质量功能如下。

- 可格式化的窗口布局。
- 格式化的语法高亮。
- 代码折叠。
- 对单元测试的内置支持。
- 对 Django 的内置支持。

1.3.3　任务三：实现第一个 Python 程序

在前面的任务中，我们安装了 Python 开发工具 PyCharm，现在，使用 PyCharm 来创建第一个 Python 程序。

（1）打开 PyCharm，在图 1-24 所示的欢迎界面中单击"New Project"按钮，开始创建一个新的 Python 项目。

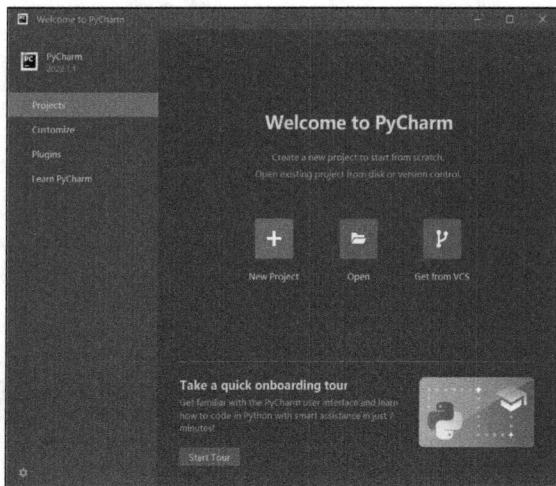

实现第一个 Python
程序

图 1-24　PyCharm 欢迎界面

（2）在弹出的"New Project"窗口中，"Location"用于设置文件的存储位置，建议自定义文件位置，便于管理。"Base interpreter"用于关联已经存在的 Python 解释器，若未能自动识别，找到 Python 解释器的安装位置即可。最后单击"Create"按钮，确认创建 Python 项目，如图 1-25 所示。

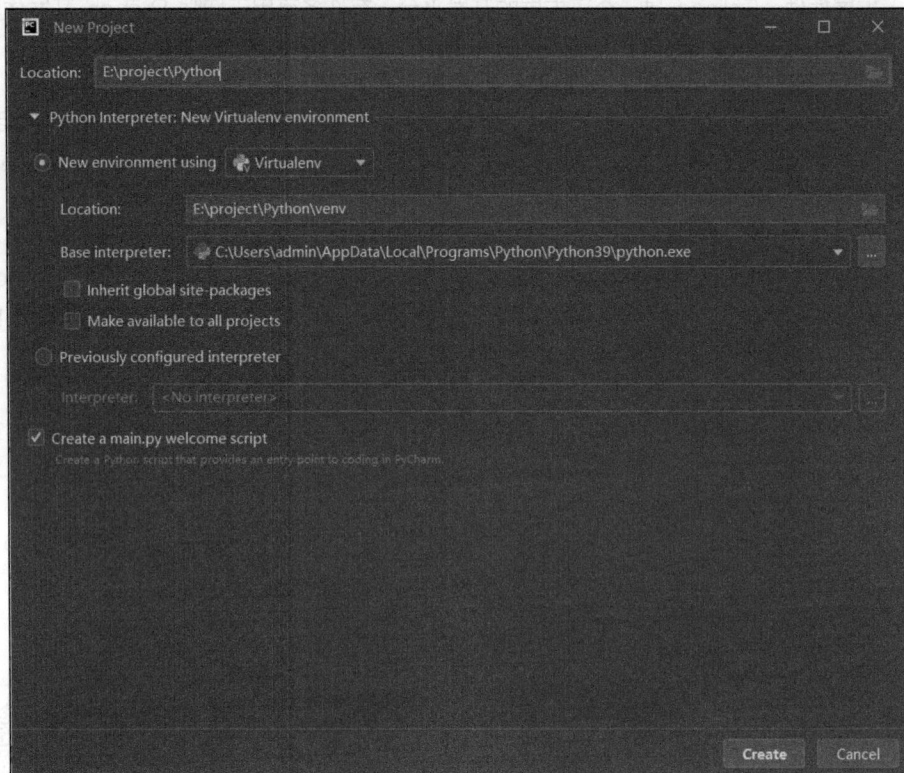

图 1-25　创建 Python 项目

Python 项目创建完成后，PyCharm 会进入代码编辑状态，如图 1-26 所示。

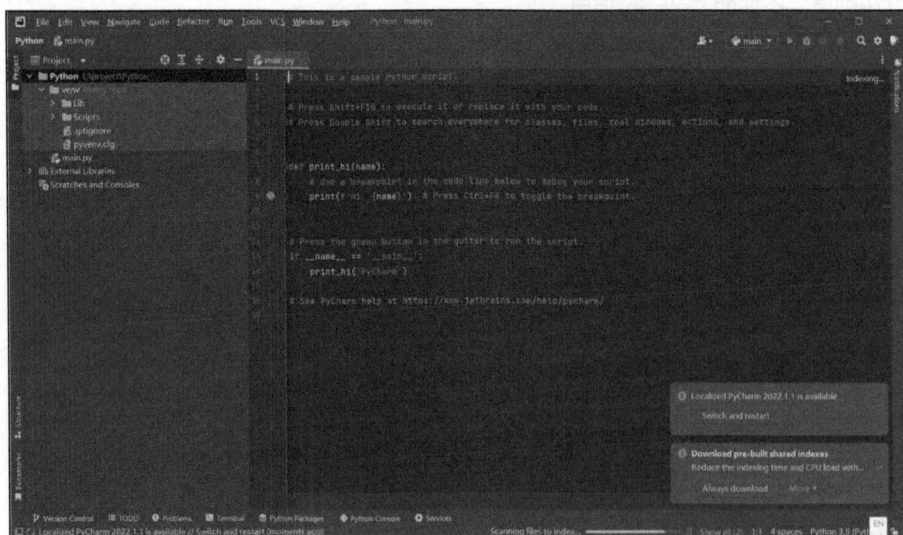

图 1-26　代码编辑状态

（3）在 PyCharm 主界面左侧选择项目文件夹，单击鼠标右键，在弹出的快捷菜单中选择
"New"→"Python File"命令，新建.py 文件，如图 1-27 所示。

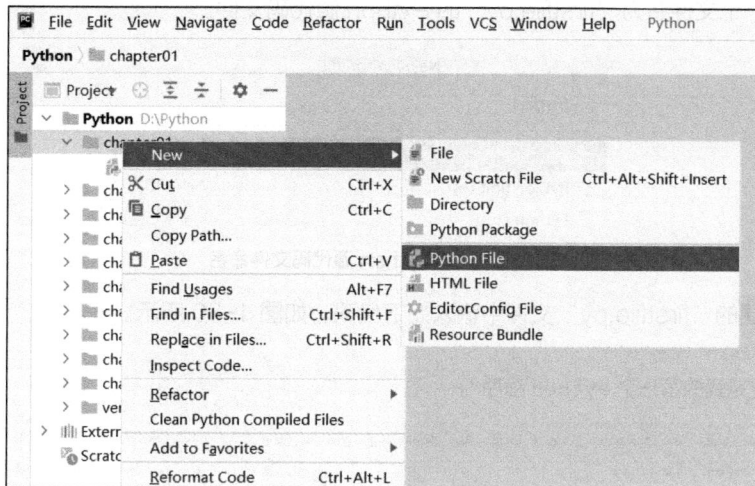

图 1-27　新建.py 文件

（4）在开始编写代码之前，可以根据个人习惯更改界面主题配色方案。例如我们要设置为浅色
配色方案，可以在菜单栏的"New"—"Settings"中打开"Settings"对话框，在"Appearance"
选项中，将"Theme"设置为"IntelliJ Light"即可。如图 1-28 所示。

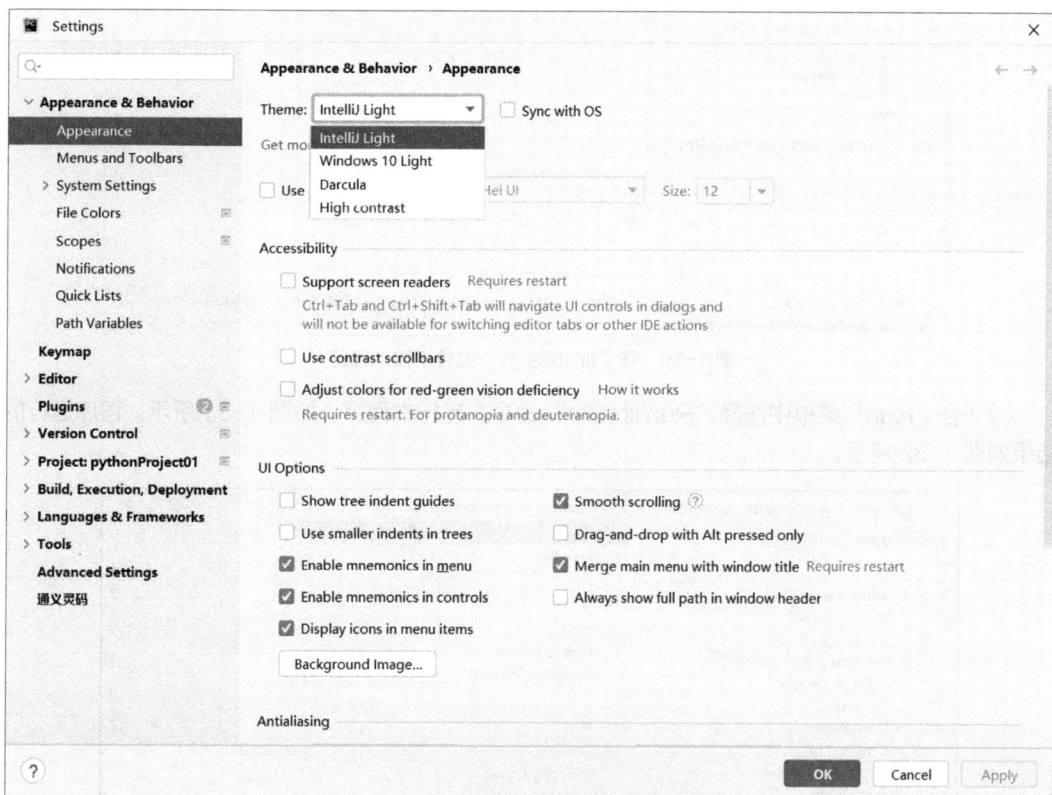

图 1-28　修改界面主题配色方案

（5）在弹出的窗口中输入要创建的 Python 文件名。注意，这里不需要输入".py"文件扩展名，系统会自动为文件补全".py"扩展名。例如在本任务中，输入文件名"firstfile"，如图 1-29 所示，系统将会创建一个文件名为"firstfile.py"的 Python 源代码文件。

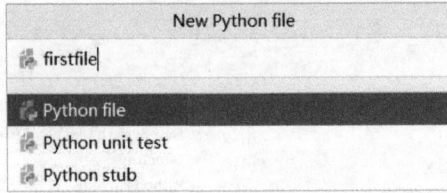

图 1-29　为 Python 源代码文件命名

（6）在创建的"firstfile.py"文件中输入如下代码，如图 1-30 所示。

```
print("Hello World")
print("这是我的第一个 Python 程序")
```

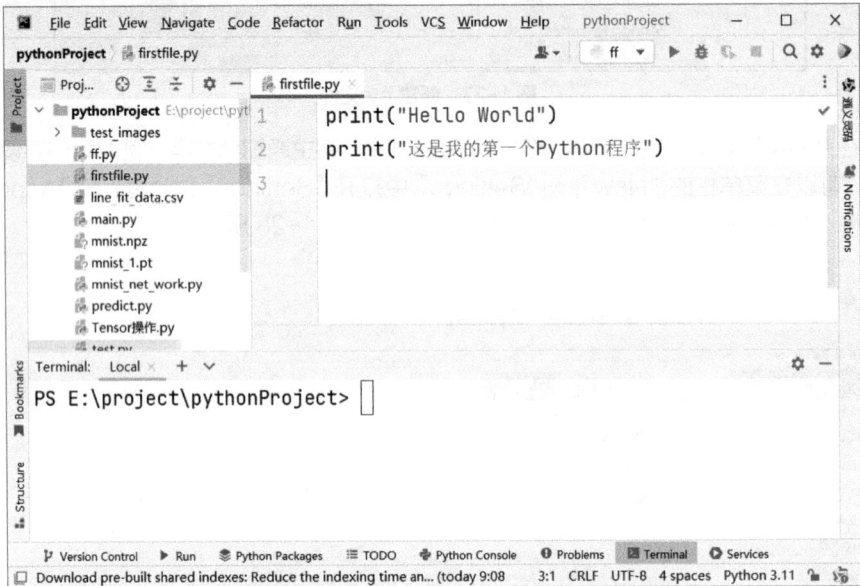

图 1-30　在"firstfile.py"文件中输入代码

（7）在"Run"菜单中选择"Run'firstfile'"命令，运行本程序，如图 1-31 所示。程序运行的结果如图 1-32 所示。

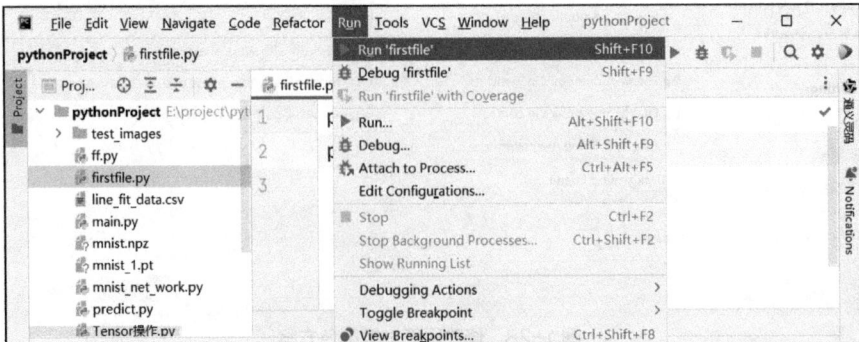

图 1-31　运行程序

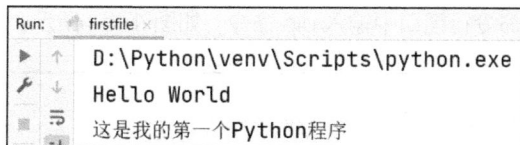

图 1-32　程序运行结果

1.3.4　任务四：使用第三方库进行开发

任务三中 Python 程序的代码极少，实现的是非常简单的功能。随着程序复杂程度越来越高，代码量也会增长，在同一个文件中编写所有的代码会导致代码的维护难度越来越大。为了提高代码的可重用性和可维护性，各个厂商和 Python 爱好者开发了大量的第三方库。Python 开发人员只需要直接调用这些第三方库，就能够实现一些复杂的功能，极大地提高了开发效率，节约了开发时间。Python 有超过 15 万个第三方库，几乎覆盖信息技术涉及的所有领域，包括网络爬虫、自动化、数据分析与可视化、Web 开发、机器学习等。

Python 中的内置工具 pip 可用于安装 Python 第三方库，在命令行窗口中使用。pip 是 Python 库管理工具，该工具提供了对 Python 库进行查找、下载、安装、卸载的功能。pip 是在线安装工具，需要联网获取库资源。其语法格式如下。

```
pip install 库名
```

本任务使用 wordcloud 库实现词云效果。

wordcloud 是一款非常优秀的用于词云展示的 Python 第三方库。词云也叫文字云，以词语为基本单位，用更加直观和艺术的形式展示文本词云图，对文本中出现频率较高的"关键词"予以视觉化的展现。词云图可以过滤掉大量低频、低质的文本信息，使得浏览者只要一眼扫过文本就可领略文本的主旨。

使用 pip 安装 wordcloud 库的命令如下所示。

```
pip install wordcloud
```

首先在 PyCharm 中安装 wordcloud 库。

（1）在 PyCharm 的菜单栏中依次选择"View"→"Tool Windows"→"Terminal"命令，打开 PyCharm 的命令行窗口，如图 1-33 所示。

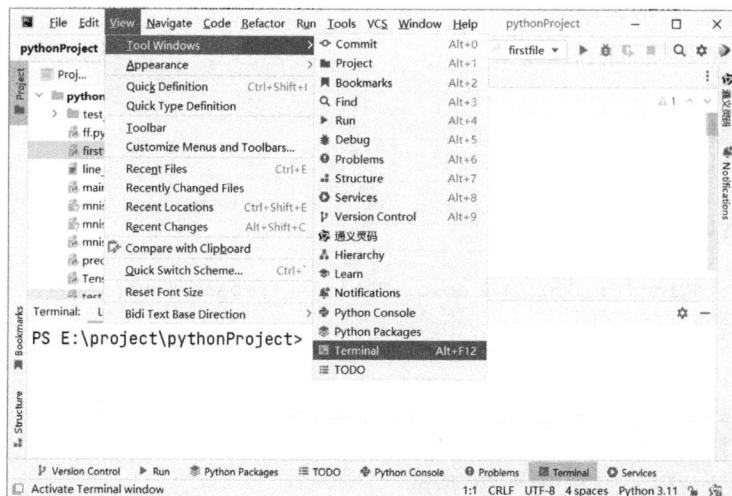

图 1-33　打开命令行窗口

（2）在 PyCharm 的命令行窗口中输入 pip 命令，如图 1-34 所示。

```
Terminal: Local × +
(venv) D:\Python>pip install wordcloud
Collecting wordcloud
  Using cached wordcloud-1.8.1.tar.gz (220 kB)
```

图 1-34　输入 pip 命令

（3）按【Enter】键运行命令。如果网络连接正常，将显示安装进度以及安装结果，如图 1-35 所示。

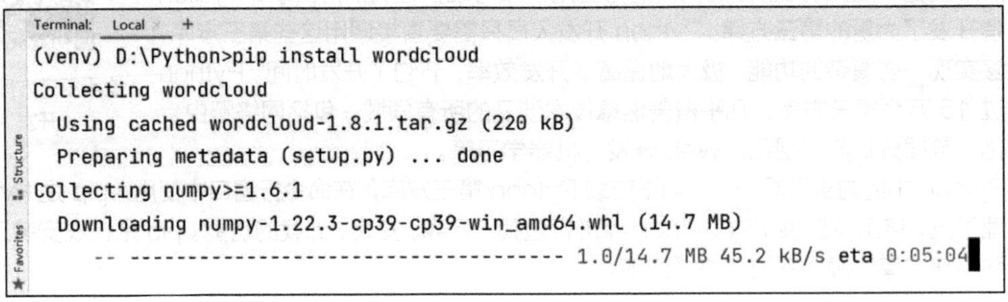

```
Terminal: Local × +
(venv) D:\Python>pip install wordcloud
Collecting wordcloud
  Using cached wordcloud-1.8.1.tar.gz (220 kB)
  Preparing metadata (setup.py) ... done
Collecting numpy>=1.6.1
  Downloading numpy-1.22.3-cp39-cp39-win_amd64.whl (14.7 MB)
     -- ----------------------------------- 1.0/14.7 MB 45.2 kB/s eta 0:05:04
```

图 1-35　第三方库安装结果

想要在程序中使用第三方库内所定义的内容，需要将库导入程序。在 Python 中使用 import 语句进行导入，语法格式如下。

```
import module1,module2, …
```

本任务中，在程序中导入 wordcloud 库，代码如下。

```
import wordcloud
```

库与模块导入后，可使用 "." 调用模块中的内容，语法格式如下。

```
模块.函数
模块.变量
```

在 Python 中可通过 from 语句从模块中导入指定内容到当前程序中，语法格式如下。

```
from modname import name
```

接下来编写代码实现词云效果。

（1）编写代码。

```
import matplotlib.pyplot as plt
from wordcloud import WordCloud

text = "python"

wordc = WordCloud(background_color="white", repeat=True)
wordc.generate(text)

plt.axis("off")
plt.imshow(wordc, interpolation="bilinear")
plt.show()
```

（2）运行以上代码，效果如图 1-36 所示。

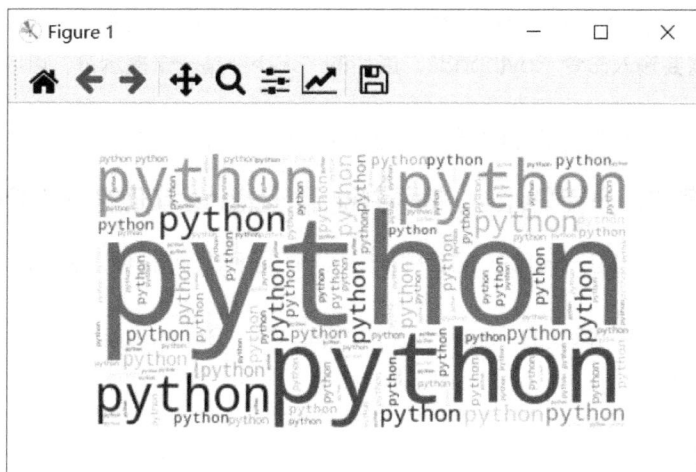

图 1-36　词云效果

1.4　拓展创新

Linux 操作系统和 Eclipse 本身就是开源的，使用它们进行 Python 开发可以充分利用开源软件和工具，无须购买商业软件许可证。这有助于降低开发成本，并且开发者可以自由地定制和修改系统，以满足特定需求。另外，Linux、Eclipse 和 Python 都拥有庞大的开发者社区和活跃的社区支持。在这些社区中，开发者可以分享经验、获取帮助、提出问题，并且可以学习和借鉴其他开发者的经验，加快自己的成长。

1.4.1　任务一：检查 Linux 操作系统中的 Python 环境

本任务是检查 Linux 操作系统中是否安装了 Python。

绝大多数 Linux 操作系统中都默认安装了 Python。要想检查当前使用的 Linux 操作系统是否安装了 Python，可以执行如下步骤。

（1）在 Linux 操作系统中运行应用程序 Terminal（如果使用的是 Ubuntu，可以按【Ctrl+Alt+T】组合键），打开终端窗口。

（2）为了确定是否安装了 Python，需要执行"python"命令（注意，其中的"p"是小写）。输出结果如图 1-37 所示。

图 1-37　执行"python"命令的输出结果

输出结果表明，在当前 Linux 操作系统中没有找到 Python。

（3）尝试执行"python3"命令，输出结果如图 1-38 所示。

图 1-38　执行"python3"命令的输出结果

输出结果表明,在当前 Linux 操作系统中安装了 Python 3,默认使用的 Python 版本为 Python 3.10.4，使用时需要输入命令"python3"。最后的">>>"是一个提示符,可以继续在其后输入 Python 命令。

如果要退出 Python 并返回到终端窗口,可按【Ctrl+D】组合键或执行"exit"命令。

1.4.2　任务二：安装 PyDev 插件并使用 Eclipse 实现第一个 Python 程序

本任务将在安装、配置好 Eclipse 的基础上安装与配置 PyDev 插件,然后使用 Eclipse 实现第一个 Python 程序。

（1）进入 PyDev 官方网站的"Download"页面,在"Get zip releases"栏中下载 PyDev 插件,如图 1-39 所示。

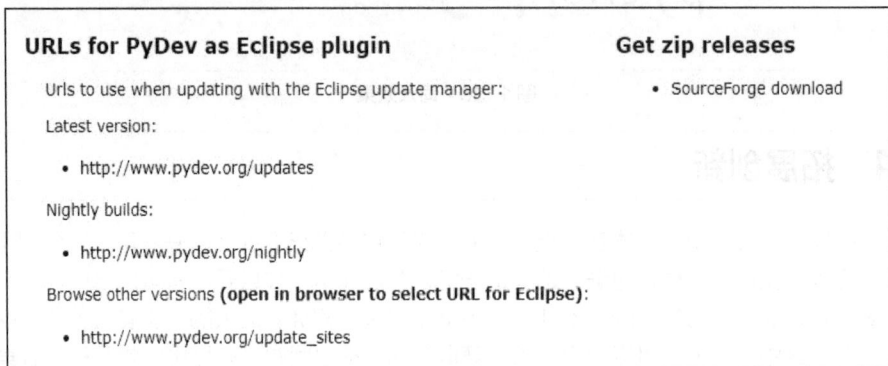

URLs for PyDev as Eclipse plugin

Urls to use when updating with the Eclipse update manager:

Latest version:

* http://www.pydev.org/updates

Nightly builds:

* http://www.pydev.org/nightly

Browse other versions **(open in browser to select URL for Eclipse)**:

* http://www.pydev.org/update_sites

Get zip releases

* SourceForge download

图 1-39　下载 PyDev 插件

（2）将下载好的 PyDev 压缩文件解压。找到 Eclipse 安装路径,将解压后的"PyDev"文件夹复制到安装路径下的"dropins"文件夹中,如图 1-40 所示。

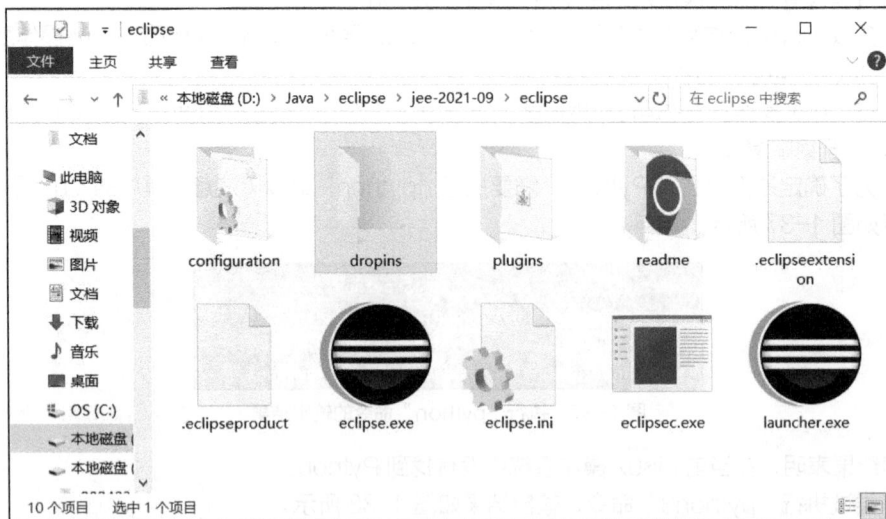

图 1-40　Eclipse 安装路径下的"dropins"文件夹

（3）启动 Eclipse 配置 Python 环境。启动 Eclipse,选择"Window"菜单中的"Preferences"命令,在打开的"Preferences"窗口中选择左侧的"PyDev"→"Interpreters"→"Python Interpreter"选项,然后单击窗口右侧的"New"按钮,如图 1-41 所示。

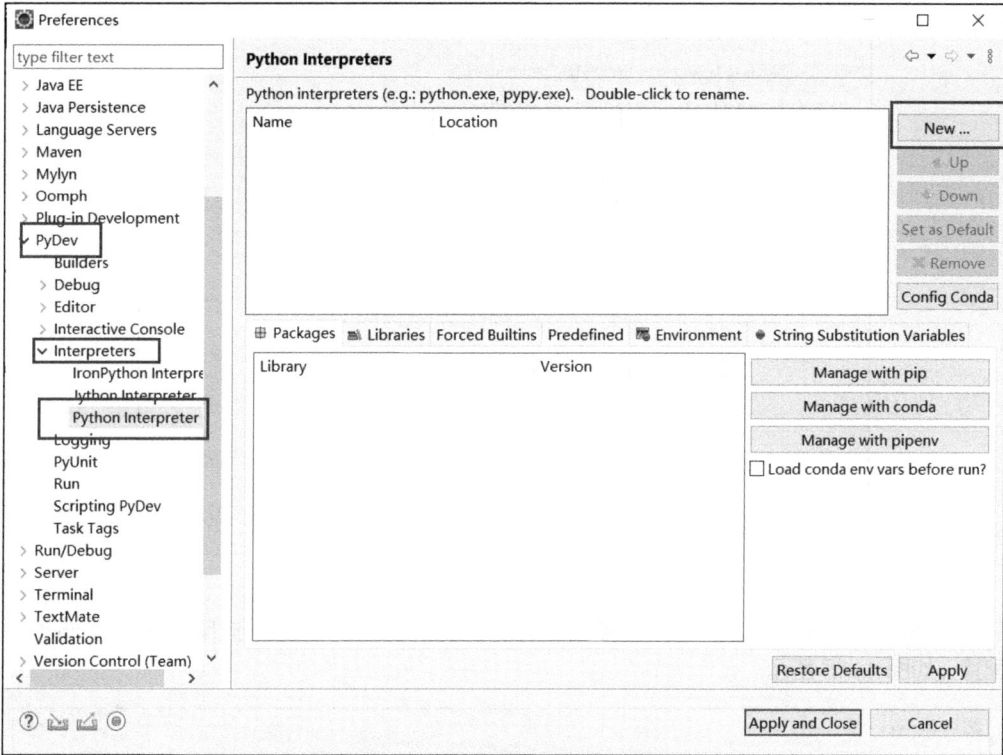

图 1-41 "Preferences"窗口

（4）绑定 Python 解释器。在弹出的下拉列表中选择"Browse for python/pypy exe"选项，如图 1-42 所示，在弹出的对话框中输入 Python 解释器名称与可执行文件路径，如图 1-43 所示。之后单击"OK"按钮进入下一步。

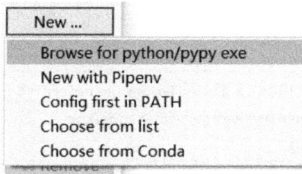

图 1-42 选择"Browse for python/pypy exe"选项

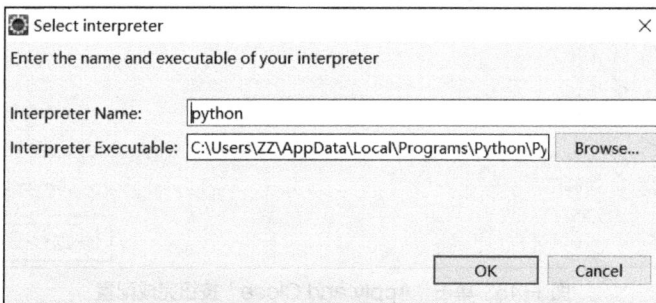

图 1-43 输入 Python 解释器名称与可执行文件路径

（5）选择需要添加的 Python 系统路径，这些路径下都是 Python 运行必需的支持文件。勾选列表框中的所有复选框，单击"OK"按钮，如图 1-44 所示。

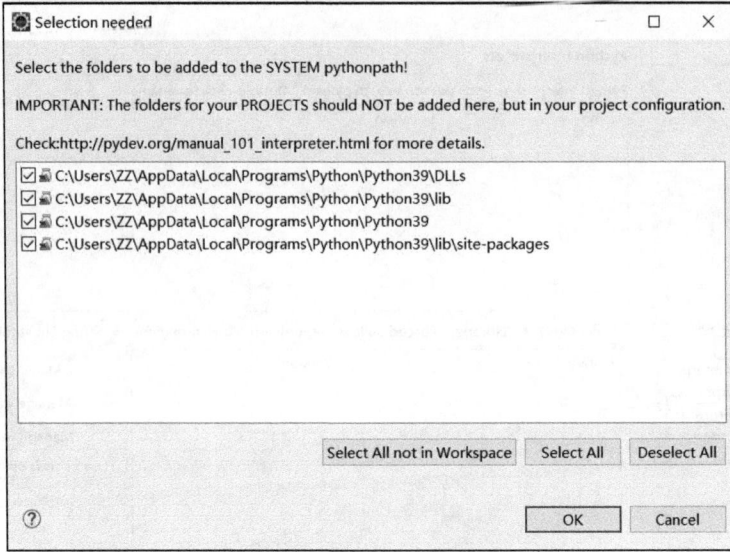

图 1-44　选择 Python 系统路径

（6）返回"Preferences"窗口，单击"Apply and Close"按钮，应用设置并关闭窗口，完成配置，如图 1-45 所示。

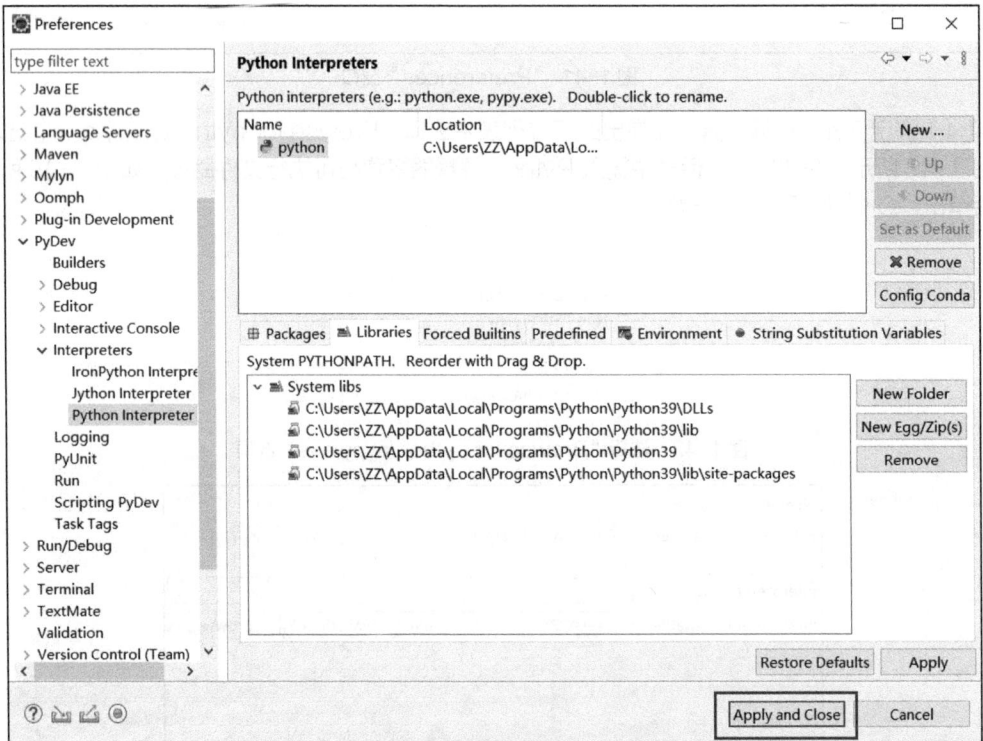

图 1-45　单击"Apply and Close"按钮完成配置

（7）创建一个 Python 项目，验证安装与配置是否成功。在 Eclipse 主界面的菜单栏中选择"File"→"New"→"Other"命令，打开"Select a wizard"窗口，在列表框中选择"PyDev Project"选项，如图 1-46 所示，单击"Next"按钮，用 PyDev 来创建 Python 项目。

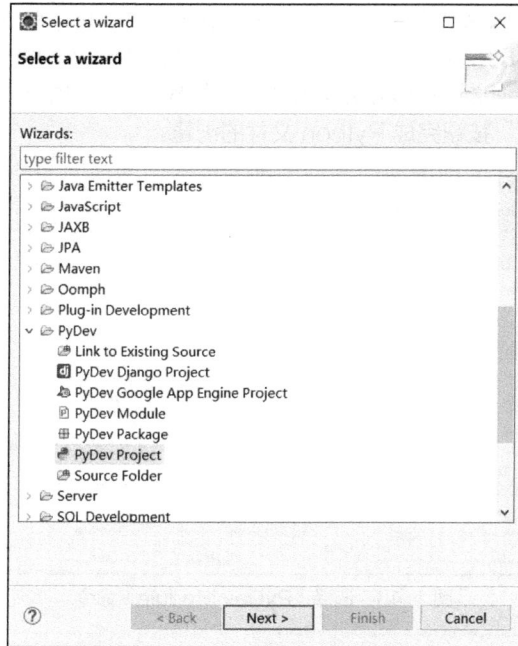

图 1-46 选择创建 PyDev 项目

（8）在打开的"PyDev Project"窗口中新建一个基于 PyDev 的 Python 项目。这里将"Project name"设置为"py01"，单击"Finish"按钮确认，如图 1-47 所示。

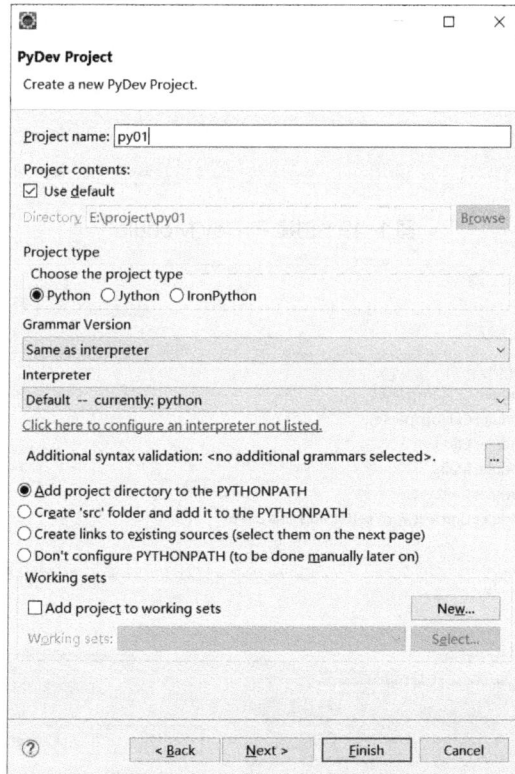

图 1-47 配置 Python 项目

（9）在新建的"py01"项目节点上单击鼠标右键，在弹出的快捷菜单中选择"New"→"PyDev Module"命令，如图 1-48 所示。在打开的"Create a new Python module"窗口中填写模块名称，单击"Finish"按钮，如图 1-49 所示。在弹出的模板选择窗口中选择"<Empty>"选项，如图 1-50 所示，单击"OK"按钮完成 Python 文件的创建。

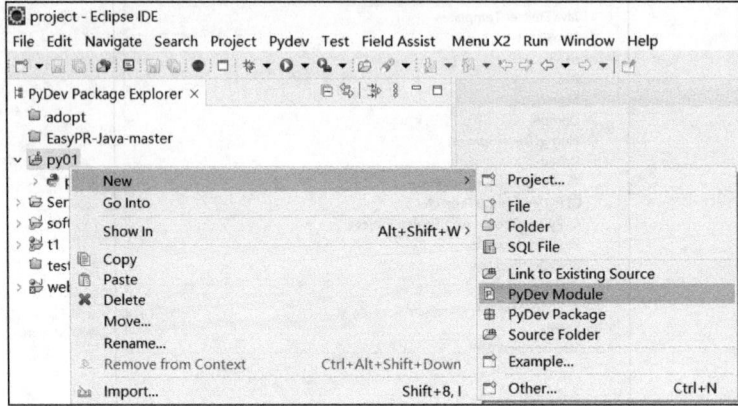

图 1-48　选择"PyDev Module"命令

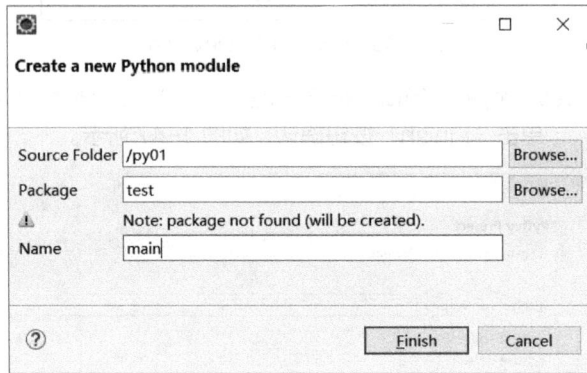

图 1-49　创建 PyDev Module

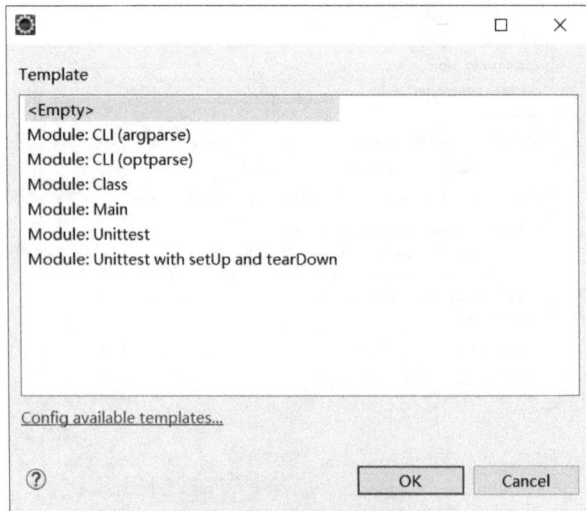

图 1-50　选择代码模板

（10）在编辑器中编写并运行代码，系统将在控制台输出运行结果，如图 1-51 所示。

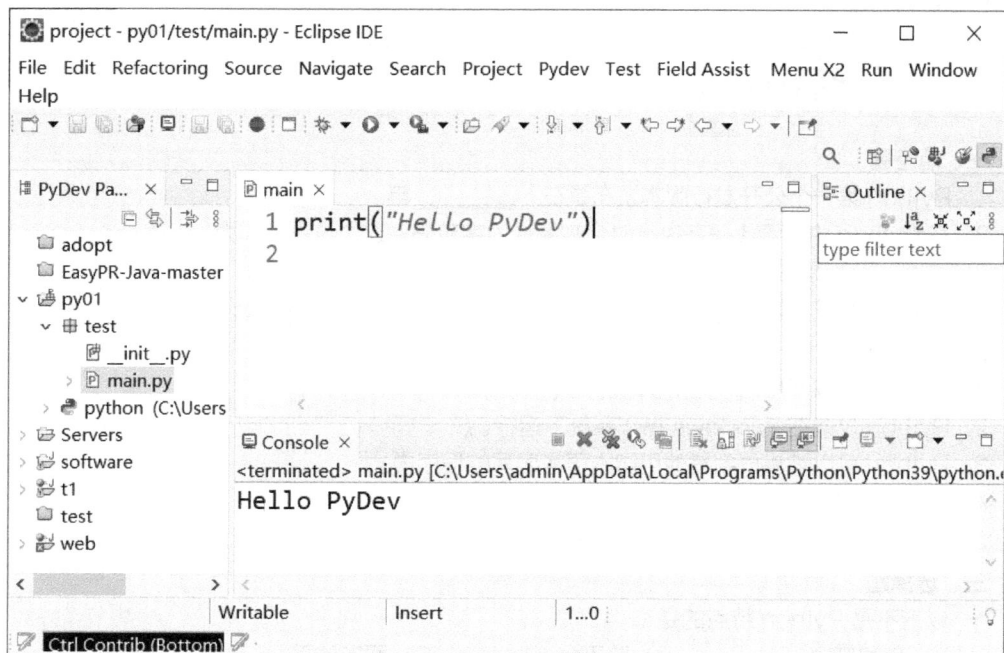

图 1-51　在 Eclipse 中运行 Python 代码

1.5　项目小结

本项目从 Python 的发展历程入手，介绍了 Python 的特点、应用领域和运行机制，为读者开启了 Python 的大门；通过安装与配置 Python 和开发工具 PyCharm，实现了 Python 开发环境的搭建；通过创建 Python 项目，成功实现了简单 Python 程序的开发，为未来深入学习打下了基础。

【素质拓展】工匠精神，敬业求精

工匠精神是职业道德、能力与品质的凝聚，体现为从业者对技术的极致追求与责任担当。其核心是敬业、精益、专注与创新的统一，在计算机领域，这种精神贯穿于程序员、运维工程师、测试员、售前售后人员等岗位，成为推动行业高质量发展的内在动力。

程序员以代码为匠心之作，严格遵循规范，追求逻辑简洁与性能高效。他们通过重构与测试优化代码，探索算法与架构的平衡。运维工程师是系统的"守护者"，利用自动化工具保障系统稳定运行，深入分析日志与底层机制根治隐患，构建容灾架构抵御突发流量。测试员以严苛的标准筑牢质量防线，设计覆盖异常场景的用例，借助自动化工具模拟高并发压力，甚至追溯至底层逻辑解决偶发问题。售前售后人员连接技术与商业，精准转化客户需求为定制方案，建立快速响应机制闭环用户反馈，推动产品持续迭代。

工匠精神的深层逻辑在于专注与创新的平衡。从业者需在细分领域深耕多年，这种专注为创新奠定基础。创新并非盲目颠覆，而是基于对传统的深刻理解。在技术更迭迅猛的时代，工匠精神是抵御浮躁的锚点。它要求从业者以"十年磨一剑"的耐心夯实根基，又以"敢为人先"的勇气突破边界。当每一行代码、每一次部署、每一轮测试、每一场客户对话都被赋予匠心，技术便超越工具属性，成为驱动社会进步的力量。这便是数字时代工匠精神最深刻的诠释——用专业与热爱，在虚拟世界中铸造卓越之作。

【课后任务】

一、填空题

1. Python 第一个公开发行版本发布是在_____年。
2. 在 Python 中，源代码在执行时会被编译为字节码。这个过程被称为_____。
3. _____是 Python 源代码文件的扩展名。
4. Python 开发环境由_____、_____、_____这 3 部分组成。

二、判断题

1. Python 可以调用 C 语言的库文件。（　　　）
2. Python 仅能在 Windows 操作系统下运行。（　　　）
3. Python 可以被集成到其他用脚本语言编写的程序内。（　　　）
4. Python 属于解释型语言。（　　　）
5. 字节码是由 Python 虚拟机来执行的。（　　　）

三、选择题

1. 以下不是 Python 特点的是（　　　）。
   A. 免费开源　　　　　　B. 跨平台　　　　　　C. 面向过程　　　　　D. 可移植
2. 以下不属于编译型语言的是（　　　）。
   A. C 语言　　　　　　　B. C++　　　　　　　C. Java　　　　　　　D. Python
3. 以下是 Python 源代码文件扩展名的是（　　　）。
   A. .py　　　　　　　　B. .pyc　　　　　　　C. .class　　　　　　D. .c
4. 以下没有使用虚拟机的编程语言是（　　　）。
   A. Java　　　　　　　　B. Python　　　　　　C. C#　　　　　　　D. C 语言
5. 以下不属于 Python 开发环境组成部分的是（　　　）。
   A. Python 运行环境　　B. Python IDE　　　　C. 可视化环境　　　　D. 第三方库

项目2
数据类型及运算符的应用
——冬奥会计时牌的开发

02

项目描述

冬季奥林匹克运动会（Olympic Winter Games）简称冬季奥运会、冬奥会，是世界上规模最大的冬季综合性运动会，每4年举办一次，1994年起与夏季奥林匹克运动会相间举行。

在冬季奥运会这些赛项中，速度滑冰等高速运动参赛选手的成绩可能只有几毫秒的差距。为了在如此细微的差距下进行精准计时，要借助异频雷达。异频雷达是根据蝙蝠回声定位特性发明的一种仿生技术设备。比赛时，每名选手腿上都会绑定一对高性能异频雷达收发机，以方便计时器精准测定、记录和公布比赛过程中选手的成绩与最终排名。从早期人工计时到如今异频雷达毫秒级的精准计时，离不开科技的加持。可以预见，在未来的运动赛场上，无论多么细微的差距，都能通过高新科技更加精准地判定，让选手在公平、公正、公开的道路上不断追求"更快、更高、更强、更团结"。

本项目将开发一种将"毫秒级"计时结果转换为观众所熟悉的"时分秒"形式并呈现出来的应用程序。

2.1 任务导入

语法是开发语言的核心内容之一。本任务将详细介绍 Python 的基本语法知识，主要包括语法规则、变量与常量、基本数据类型、运算符与表达式，为读者学习后面的知识奠定基础。

知识目标
① 理解 Python 语法规则。
② 理解变量与常量。
③ 掌握基本数据类型。
④ 掌握运算符与表达式。

能力目标
① 掌握 Python 代码的编写规则。
② 掌握变量与常量的使用方法。
③ 掌握基本数据类型的使用方法和数据类型的转换方法。
④ 掌握运算符与表达式的使用方法。

学习任务
任务一：冬奥会计时牌的时间设置功能开发。
任务二：冬奥会计时牌的时间转换功能开发。
任务三：冬奥会计时牌的显示功能开发。

2.2 相关知识

了解编程语言的语法规则、数据类型和运算符等对开发者来说是非常重要的。遵循语法规则可以确保代码在编译或解释时不会出现语法错误，从而减少调试和修复错误的时间；了解数据类型和运算符的特性可以帮助开发者合理地组织数据和操作，从而提高代码的执行效率和资源利用率。

2.2.1 Python 语法规则

编程语言的语法规则定义了代码的结构和格式，了解这些规则可以帮助开发者编写正确的代码。良好的代码风格和结构可以增强代码的可读性和可维护性，使其易于理解和维护。由于团队中的开发者通常会共同编辑和维护代码，了解语言的语法规则可以促进团队成员之间的协作，有助于团队成员更容易地理解和修改彼此的代码。

Python 语法规则

1. 缩进规则

Python 对缩进的要求十分严格，下面是 Python 对缩进的语法规定。

（1）要求编写的代码最好全部使用缩进来分层（块），并且要求每一级缩进必须一样，否则程序会报错。也就是说，同一层次的代码必须有相同的缩进，每一组这样的代码称为一个块。

（2）行尾的冒号":"表示下一行代码缩进的开始，在后面的代码（例如分支语句）中必须使用缩进。缩进后的代码即使没有使用括号、分号、大括号等进行语句（块）的分隔，其结构也会显得非常清晰。

（3）只能使用空格实现缩进，建议使用 4 个空格来表示每一级的缩进。虽然使用【Tab】键或其他数目的空格也可以编译通过，但不符合规范。支持【Tab】键或其他数目的空格仅仅是为了兼容旧版本的 Python 程序和某些有问题的编辑器。编程时应确保使用数量一致的缩进空格，否则编写的程序容易出现错误。

```
if True:
    print ("Python 语言")          #缩进 4 个空格
else:                              #与 if 对齐
    print ("Java 语言")            #缩进 4 个空格
```

上述代码使用了 4 个空格的缩进格式，并且第 1 行的行前空格数与 else 行前的空格数完全一样，如果不一样，程序会报错。

2. 注释规则

在 Python 中，注释用于解释说明某段代码的作用，便于进行软件程序后期的维护和调试工作。注释并不会增加可执行程序的大小，在执行程序时会忽略所有注释。

Python 程序中有两种类型的注释，分别是单行注释和多行注释。

（1）单行注释。

单行注释是指只在一行中显示注释内容，Python 中单行注释以 "#" 开头，具体语法格式如下。

```
#此行是注释
```

代码示例如下。

```
#即将输出: Hello World!
print ("Hello World!")
```

（2）多行注释。

多行注释与 C 语言的块注释类似，它的标记符号是成对出现的。Python 程序中有两种实现多行注释的方法。

- 第一种：用成对的 3 个英文单引号 "'''" 将注释引起来。
- 第二种：用成对的 3 个英文双引号 """"""" 将注释引起来。

例如，下面是用成对的 3 个英文单引号创建的多行注释。

```
'''
这是多行注释第 1 行
这是多行注释第 2 行
这是多行注释第 3 行
'''
print ("Hello World! ")
```

例如，下面是用成对的 3 个英文双引号创建的多行注释。

```
"""
这是多行注释第 1 行
这是多行注释第 2 行
这是多行注释第 3 行
"""
print ("Hello World! ")
```

在 Python 程序中通常混用上述两种注释。缺少注释的程序会导致其他程序员难以理解撰写者的设计思路，造成软件系统的后期维护成本上升，通常较好的处理方式是将一个多行注释放在所解释代码的上方。

3. 编码

编码是指信息从一种形式或格式转换为另一种形式或格式的过程，解码则是编码的逆过程。编码在计算机、电视、遥控和通信等方面广泛使用。计算机只能处理数字，如果要处理文本，就必须先把文本转换为数字。因为最早的计算机在设计时采用 8 位（bit）作为一个字节（byte），所以一个字节能表示的最大整数就是 255（2^8-1，即 8 位二进制数 11111111）。如果要表示更大的整数，就必须使用更多的字节。比如两个字节可以表示的最大整数是 65535（$2^{16}-1$），4 个字节可以表示的最大整数是 4294967295（$2^{32}-1$）。

世界公认最早的字符编码标准是美国信息交换标准码（American Standard Code for Information Interchange，ASCII），包含 128 个字符（包括大小写英文字母、数字和一些符号），比如大写字母 A 的编码是 65，小写字母 z 的编码是 122。但是要处理数量众多的汉字，仅用一个字节显然是不够的，至少需要两个字节，而且不能与 ASCII 冲突，所以我国制定了 GB2312、GBK、GB18030 等标准，用来对汉字进行编码。在计算机系统中常用的编码格式如下。

- GB2312：适用于汉字处理、汉字通信等与汉字相关的应用。
- GBK：汉字编码标准之一，是以 GB/T 2312—1980 为基础的内码扩展规范，使用了双字节编码。
- ASCII：对英文字符和二进制数之间的关系做统一规定。
- Unicode：整理、编码了世界上大部分的文字系统，使得计算机能够以通用的字符集来处理和显示文字。
- UTF-8：UTF-8（Unicode Transformation Format-8 bit）是 Unicode 的一种实现方式。它是可变长的编码方式，可以使用 1~4 个字节表示一个字符，根据不同的字符而变化编码长度。

在默认情况下，Python 源代码文件以 UTF-8 格式进行编码，所有字符串都是 Unicode 字符串。当然开发者也可以为源代码文件指定不同的编码格式，具体格式如下所示。

```
#code:编码格式
```

例如，通过如下所示的代码，可以将当前源代码文件设置为 "GB2312" 编码格式。

```
#code: GB2312
```

在 Python 中使用字符编码时，经常会使用到 encode()函数和 decode()函数。特别是在抓取网页的爬虫应用中，这两个函数使用较多。其中 encode()函数即编码函数，功能是使我们看到的直观字符转换成计算机内的字节形式。而 decode()函数刚好相反，称作解码函数，是把字节形式的字符转换成我们能看得懂的、直观的形式。例如，下面的代码演示了 encode()函数的用法。

```
>>> 'ABC'. encode('ascii')
b'ABC'
>>> '中文'. encode('utf-8')
b'\xe4\xb8\xad\xe6\x96\x87'
```

4. 标识符和关键字

在编程中，标识符和关键字是两个基本的概念。标识符用来标识变量、函数、类或其他用户自定义的对象的名称。关键字是编程语言中具有特殊含义的预定义标识符。这些标识符通常用于表示语言的语法结构、控制流程、定义数据类型等。由于关键字具有特殊含义，因此不能被用作标识符或变量名。

关键字和标识符的区别在于，关键字是由编程语言定义的具有特殊含义的标识符，而标识符则是用户定义的用于标识各种程序实体的名称。在编写代码时，需要避免将关键字用作标识符，以免导致语法错误或不符合语言规范。

（1）标识符。

使用 Python 的标识符的具体规则如下。

① 标识符由字母（A~Z 和 a~z）、下画线和数字组成，第一个字符必须是字母或下画线，后面的字符可以是字母、数字或下画线。以下画线开头的标识符有特殊含义，除非特定需要，否则尽量避免以下画线开头。

② 严格区分大小写，小写字母 a 跟大写字母 A 的含义是不同的。

区分大小写意味着标识符 h2o 不同于 H2O，而这两者也不同于 H2o。

③ 标识符不能与 Python 中的关键字相同。

关键字是 Python 保留使用的标识符，也就是说只有 Python 才能使用，程序员不能自定义这样的标识符。

④ Python 的标识符中，除了下画线，不能包含空格、@、%以及$等特殊字符。

⑤ 尽量使用有意义的英文单词，做到见名知意。

⑥ 多个单词之间使用下画线连接。

（2）关键字。

在 Python 中，程序员不能把关键字用作任何标识符名称。Python 标准库提供了一个关键字模块 keyword，可以用于输出当前 Python 版本中的所有关键字，代码如下。

```
>>> import keyword        #导入名为"keyword"的模块
>>> keyword, kwlist       #kwlist 能够列出所有内置的关键字
['False', 'None', 'True', 'and', 'as', 'assert', 'break', 'class', 'continue',
'def, 'del', 'elif', 'else', 'except', 'finally', 'for', 'from', 'global', 'if',
'import', 'in', 'is', 'lambda', 'nonlocal', 'not', 'or', 'pass', 'print', 'raise',
'return', 'try', 'while', 'with', 'yield']
```

在 Python 中，常用关键字的具体说明如下。

- False：表示布尔类型的假值。
- None：表示一个空值或不存在的值。
- True：表示布尔类型的真值。
- and：用于表达式运算中的"逻辑与"操作。
- as：用于类型转换。

- assert: 断言，用于判断变量或条件表达式的值是否为真。
- break: 中断循环语句的执行。
- class: 用于定义类。
- continue: 继续执行下一次循环。
- def: 用于定义函数或方法。
- del: 删除变量或者序列的值。
- elif: 用于条件语句，与 if 和 else 结合使用。
- else: 用于条件语句，与 if 和 elif 结合使用。也可以用于循环语句。
- except: 包括捕获异常后的操作代码，与 try 和 finally 结合使用。
- finally: 用于异常语句，出现异常后会执行 finally 包含的代码块。与 try 和 except 结合使用。
- for: 用于循环语句。
- from: 用于导入模块，与 import 结合使用。
- global: 定义全局变量。
- if: 用于条件语句，与 else 和 elif 结合使用。
- import: 用于导入模块，与 from 结合使用。
- in: 判断变量是否存在序列中。
- is: 判断变量是否为某个类的实例。
- lambda: 定义匿名函数。
- nonlocal: 用于标识外部作用域的变量。
- not: 用于表达式运算中的逻辑非操作。
- or: 用于表达式运算中的逻辑或操作。
- pass: 空的类、函数、方法的占位符。
- print: 用于输出语句。
- raise: 异常抛出操作。
- return: 用于从函数返回计算结果。
- try: 包含可能会出现的异常语句，与 except 和 finally 结合使用。
- while: 用于循环语句。
- with: 简化 Python 的语句。
- yield: 用于从函数依次返回值。

5. 输入与输出

用户与程序间若想实现人机交互功能，输入与输出是最基本的途径。输入是指将程序运行所需的原始数据通过输入设备送入计算机，输出指通过输出程序将程序处理的结果送至计算机外部设备。

输入与输出

（1）数据的输入。

Python 通过内置函数 input()接收原始数据，实现输入功能。其语法格式如下所示。

```
input([prompt])
```

其中，"prompt"是 input()函数的参数，可以使用，也可不使用。该参数表示接收用户输入时的提示信息。

input()函数接收用户输入的数据，返回值为字符串类型，若想获取数值型数据，则需要进行数据类型转换。

【案例 2-1】演示 input()函数的用法，代码如下。

```
a = input("请输入一个数字: ")
```

在上述代码中，"请输入一个数字："即 input()函数的可选参数，运行代码时，该参数会作为提示信息展示给用户，当用户输入完成并按【Enter】键后，程序会接收用户输入的数据。输入变量名"a"，显示用户输入的数字"100"，执行结果如图 2-1 所示。

图 2-1　input()函数的执行结果

（2）数据的输出。

Python 通过内置函数 print()显示程序运行结果，实现输出功能。其语法格式如下所示。

```
print(value,...,sep=' ',end='\n',file=sys.stdout,flush=False)
```

以上各参数的具体含义如下。

value：表示输出的对象，省略号表示可有多个要输出的对象。

sep：用于设定多个输出对象之间的分隔符，默认值为空格。

end：输出所有对象后添加的结束符，默认值为换行符。

file：表示输出的文件对象，默认为 sys.stdout，即屏幕。

flush：表示是否强制刷新内部缓冲流，即输出是否被缓存，取决于 file。保持值为 False 即可。

在 print()函数中同时使用多个字符串时使用逗号","将字符串隔开。

【案例 2-2】演示 print()函数的用法，代码如下。

```
print(200)                              #输出整数
print('200 + 300 = ', 200 + 300)        #输出计算结果
print('p','y','t','h','o','n')          #默认输出
print('p','y','t','h','o','n',sep='-')  #修改分隔符为"-"
print('p','y','t','h','o','n',end='?')  #修改结束符为"？"
print('p','y','t','h','o','n')          #默认输出
print('python', 200,sep=':')            #使用冒号分隔
```

第 1 行：输出整数 200。

第 2 行：输出字符串与计算结果。注意，此处的"200+300="并非公式，而是字符串。

第 3 行：默认输出结果，分隔符为空格，结束符为换行符。

第 4 行：修改分隔符为"-"。

第 5 行：修改结束符为"？"，与默认输出的第 6 行显示在一行中。

第 7 行：将分隔符改为冒号。

运行程序后，结果如图 2-2 所示。

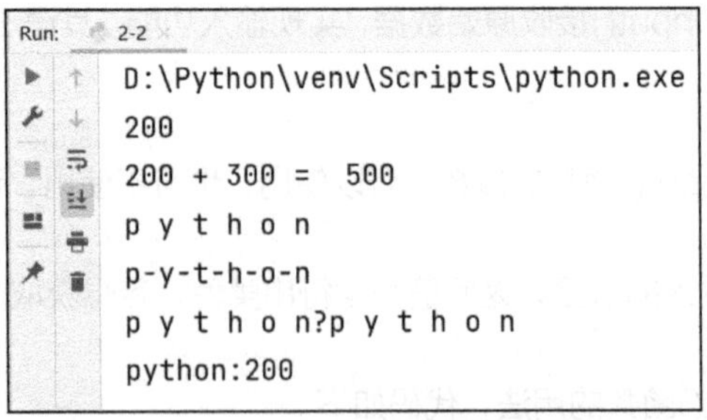

图 2-2　print()函数的执行结果

2.2.2　变量与常量

变量是计算机内存中的一块区域，可以存储规定范围内的值，而且值可以改变。基于变量的数据类型，解释器会为其分配指定内存，并决定什么数据可以被存储在内存中。在计算机编程语言中，值在程序的执行过程中可以发生变化的量称为变量。

1. 变量的声明

在 Python 中不需要单独声明变量，变量的赋值操作就是变量的声明和定义过程。在内存中创建变量时，需要包含变量的标识、名称和数据等信息。

【案例 2-3】

```
x = 1                    #定义并赋值一个变量 x
print('x的id为:', id(x))
print(x+5)               #使用变量
x = 2                    #定义并赋值一个变量 x
print('x的id为:', id(x))
print(x+5)               #名称相同，但是使用的是新的变量 x
x = 'hello python'       #将变量定义并赋值为一个文本字符串
print('x的id为:', id(x))
print(x)                 #输出变量
```

上述代码对变量 x 进行了 3 次赋值，第 1 次赋值为 "1"，第 2 次赋值为 "2"，第 3 次赋值为 "hello python"。在 Python 程序中，一次新的赋值操作将创建一个新的变量。即使变量的名称相同，但变量的标识却并不同。执行后输出的结果如图 2-3 所示。

```
x的id为: 1329311803696
6
x的id为: 1329311803728
7
x的id为: 1329313582576
hello python

Process finished with exit code 0
```

图 2-3　案例 2-3 的运行结果

在 Python 中，可以同时赋值多个变量代码如下。

```
a, b = 0, 1
print(a)
print(b)
```

上述代码同时对变量 a、b 进行赋值，分别赋值为 "0" 和 "1"，最后分别输出变量 a 和 b 的值。

2. 常量

常量是指在程序运行过程中不能变化的数据，也就是说，常量是初始化之后就不能够修改的固定值。常量按数据类型分为整型常量、浮点型常量、字符串常量等，例如，整型常量有 0、−21，浮点型常量有 3.14159265359，字符串常量有 DEV。

2.2.3　基本数据类型

在计算机程序语言中，数据类型的功能是把数据存储到不同大小的内存空间中。在 Python 程序中，虽然变量不需要声明，但是在使用每个变量前都必须赋值，变量赋值以后才会被创建。Python 中基本的数据类型有整型、浮点型、布尔型和复数型。

基本数据类型

1. 整型

整型（int）数据就是整数，没有小数点，包括正整数、负整数和零。在 Python 中，可以使用如下格式来表示不同进制的整数。

```
0+进制标志+数字
```

示例如下。

- 0o[0O]数字：表示八进制整数，例如 0o24、0O24。
- 0x[0X]数字：表示十六进制整数，例如 0x3F、0X3F。
- 0b[0B]数字：表示二进制整数，例如 0b101、0B101。
- 不带进制标志：表示十进制整数。

2. 浮点型

浮点型（float）数据（浮点数）由整数部分与小数部分组成，也可以使用科学记数法表示，例如 $2.5e3 = 2.5 \times 10^3 = 2500$。按照科学记数法表示时，浮点数的小数点位置是可变的，比如，1.23e9 和 12.3e8 的值是相等的。浮点数一般采用常规写法，如 1.23、3.14、-9.01 等。但是对于很大或很小的浮点数，建议采用科学记数法表示，1.23×10^9 可以用 1.23e9 或者 12.3e8 表示，0.000012 可以写成 1.2e-5。

必须注意的是，浮点数运算可能会有四舍五入的误差。

3. 布尔型

布尔型（bool）是表示逻辑值的简单类型，布尔型数据（布尔值）的取值只有 True 和 False（请注意首字母大写），分别表示逻辑"真"和"假"，其返回值分别是"1"和"0"。布尔值在 if、for 等语句的条件表达式中比较常见，例如 if 语句、while 语句、do 语句和 for 语句等。

布尔值可以用 and、or 或 not 进行运算。其中 and 运算是与运算，只有所有的操作数都为 True 时，and 运算的结果才是 True。or 运算是或运算，只要其中有一个操作数为 True，or 运算的结果就是 True。not 运算是非运算，它是一个单目运算符，能够实现相反的操作，即把 True 变成 False，把 False 变成 True。

4. 复数型

复数型（complex）数据由实数部分（实部）和虚数部分（虚部）构成，可以用 a+bj 或者 complex(a,b)表示。复数型数据的实部 a 和虚部 b 都是浮点型，比如 3.14j、6.662e-16j、6e+35j、2.32e-5j 都是复数型。

2.2.4　运算符与表达式

运算符和表达式的作用是为变量建立某种组合联系，对变量进行处理，以实现项目的某个具体功能。运算符是具有运算功能的符号，而表达式则是由值、变量和运算符组成的式子。表达式的作用是将运算符的运算作用表现出来。

1. 算术运算符与表达式

算术运算符是用来实现数学运算功能的，算术表达式是由算术运算符和变量连接起来的式子。设 a 的值为 10，b 的值为 20，对变量 a 和变量 b 进行算术运算的结果如表 2-1 所示。

算术运算符与表达式

表 2-1　算术运算符的应用

运算符	功能	实例
+	加运算符，表示两个对象相加	a + b 的输出结果是：30
-	减运算符，表示负数或用一个数减去另一个数	a - b 的输出结果是：-10
*	乘运算符，表示两个数相乘或是返回一个被重复若干次的字符串	a * b 的输出结果是：200
/	除运算符，表示 x 除以 y	b / a 的输出结果是：2
%	取模运算符，返回除法的余数	b % a 的输出结果是：0
**	幂运算符，表示 x 的 y 次幂	a**b 为 10 的 20 次幂，输出结果是：100000000000000000000
//	取整除运算符，返回商的整数部分，不包含余数，如果操作数是浮点数，则运算结果的余数取 0	10//2 的输出结果是：4。10.0//2.0 的输出结果是：4.0

【案例 2-4】

```
a = 10                      #设置 a 的值是 10
b = 33                      #设置 b 的值是 33
c = a + b
print("现在 c 的值为：", c)
c = a - b
print("现在 c 的值为：", c)
c = a * b
print("现在 c 的值为：", c)
c = a / b
print("现在 c 的值为：", c)
c = a % b
print("现在 c 的值为：", c)
#下面分别修改 3 个变量 a、b 和 c 的值
a = 2
b = 3
c = a**b
print("现在 c 的值为：", c)
#下面分别修改 3 个变量 a、b 和 c 的值
a = 30
b = 5
c = a//b
print("现在 c 的值为：", c)
```

运行结果如图 2-4 所示。

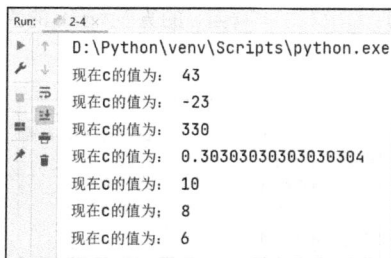

图 2-4　案例 2-4 的运行结果

2. 比较运算符与表达式

比较运算符也被称为关系运算符，功能是表示两个变量之间的关系，例如经常使用比较运算符来比较两个数值的大小。比较表达式就是用比较运算符将两个表达式连接起来的式子，被连接的表达式可以是算术表达式、关系表达式、逻辑表达式和赋值表达式等。

比较运算符与表达式

Python 中有 6 个比较运算符，下面假设变量 a 的值为 10，变量 b 的值为 20，表 2-2 列出了使用 6 个比较运算符处理变量 a 和变量 b 的结果。

表 2-2 比较运算符的应用

运算符	功能	实例
==	等于，用于比较两个对象是否相等	(a == b)返回 False
!=	不等于，用于比较两个对象是否不相等	(a != b)返回 True
>	大于，用于返回 x 是否大于 y	(a > b)返回 False
<	小于，用于返回 x 是否小于 y	(a < b)返回 True
>=	大于等于，用于返回 x 是否大于等于 y	(a >= b)返回 False
<=	小于等于，用于返回 x 是否小于等于 y	(a <= b)返回 True

【案例 2-5】

```
a = 10                    #设置 a 的值是 10
b = 33                    #设置 b 的值是 33
c = 0                     #设置 c 的值是 0
if a == b:                #如果 a 和 b 的值相等
    print("a 等于 b")      #当 a 和 b 的值相等时的输出
else:                     #如果 a 和 b 的值不相等
    print("a 不等于 b")    #当 a 和 b 的值不相等时的输出
if a != b:
    print("a 不等于 b")    #当 a 和 b 的值不相等时的输出
else:
    print("a 等于 b")      #当 a 和 b 的值相等时的输出
if a < b:
    print("a 小于 b")      #当 a 的值小于 b 的值时的输出
else:
    print("a 大于等于 b")   #当 a 的值不小于 b 的值时的输出
if a > b:
    print("a 大于 b")      #当 a 的值大于 b 的值时的输出
else:
    print("a 小于等于 b")   #当 a 的值不大于 b 的值时的输出
```

运行结果如图 2-5 所示。

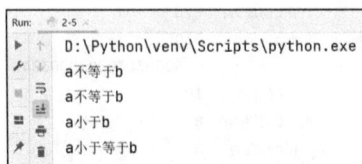

图 2-5 案例 2-5 的运行结果

3. 赋值运算符和表达式

赋值运算符的功能是给某个变量或表达式设置一个值，例如"a=5"表示将数值 5 赋给变量 a。在 Python 中有两种赋值运算符，分别是基本赋值运算符和复合赋值运算符。

（1）基本赋值运算符和表达式。

基本赋值运算符是等号"="，由"="连接的式子称为赋值表达式。Python 使用"="给变量赋值，"="左边是变量名，"="右边是存储在变量中的值。使用基本赋值运算符的格式如下所示。

```
变量=表达式
```

【案例 2-6】

```
counter = 100              #赋值为整数
miles = 1000.0             #赋值为浮点数
name = "Python 语言"        #赋值为字符串
print(counter)             #输出赋值后的结果
print(miles)               #输出赋值后的结果
print(name)                #输出赋值后的结果
```

运行结果如图 2-6 所示。

图 2-6　案例 2-6 的运行结果

Python 允许开发者同时为多个变量赋值。例如，在下面的代码中，同时将变量 a、b、c 赋值为 1，这 3 个变量被分配到相同的内存空间上。

```
a = b = c = 1     #同时将 3 个变量 a、b、c 赋值为 1
```

也可以为多个对象指定多个变量，具体实现代码如下所示。

```
a, b, c = 1, 2," Python 语言"
```

上述代码将两个整数 1 和 2 分别分配给变量 a 和 b，将字符串"Python 语言"分配给变量 c。

（2）复合赋值运算符和表达式。

为了简化程序和提高编译效率，Python 允许在赋值运算符"="之前加上其他运算符，这样就构成了复合赋值运算符。复合赋值运算符的功能是对赋值运算符左、右两边的运算对象进行指定的算术运算，再将运算结果赋给左边的变量。Python 共有 7 种复合赋值运算符，下面假设变量 a 的值为 10，变量 b 的值为 20，7 种复合赋值运算符的应用如表 2-3 所示。

表 2-3　7 种复合赋值运算符的应用

运算符	功能	实例
+=	加法赋值运算符	c += a 等效于 c = c + a
-=	减法赋值运算符	c -=a 等效于 c = c-a
*=	乘法赋值运算符	c *= a 等效于 c = c * a
/=	除法赋值运算符	c /= a 等效 c = c / a

续表

运算符	功能	实例
%=	取模赋值运算符	c %= a 等效于 c = c % a
**=	幂赋值运算符	c **= a 等效于 c = c ** a
//=	取整除赋值运算符	c //= a 等效于 c = c // a

【案例 2-7】

```
a = 10                      #设置 a 的值是 10
b = 33                      #设置 b 的值是 33
c = a + b                   #将 c 赋值为 a+b，即 43
print("现在 c 的值为: ", c)   #输出 c 的值
c += a                      #设置 c=c+a
print("现在 c 的值为: ", c)   #输出 c 的值
c *= a                      #设置 c = c * a
print("现在 c 的值为: ", c)   #输出 c 的值
c /= a                      #设置 c = c / a
print("现在 c 的值为: ", c)   #输出 c 的值
c = 2                       #将 c 重新赋值为 2
c %= a                      #设置 c = c % a
print("现在 c 的值为: ", c)   #输出 c 的值
c **= a                     #设置 c = c ** a，即计算 c 的 a 次幂
print("现在 c 的值为: ", c)   #输出 c 的值
c //= a                     #设置 c = c // a，即计算 c 整除 a 的值
print("现在 c 的值为: ", c)   #输出 c 的值
```

运行后输出的结果如图 2-7 所示。

图 2-7　案例 2-7 的运行结果

4. 逻辑运算符与表达式

逻辑运算表达式的功能是将变量或表达式用逻辑运算符连接起来并进行求值运算。在 Python 程序中只能将 and、or、not 这 3 种运算符用于逻辑运算，而不能使用!、&&、||等运算符。

假设变量 a 的值为 1，变量 b 的值为 2，使用 Python 逻辑运算符对变量 a 和 b 进行运算的示例如表 2-4 所示。

逻辑运算符与表达式

表 2-4 逻辑运算符的应用

运算符	逻辑表达式	功能	举例
and	x and y	逻辑与运算符: 如果 x 为 False, x and y 返回 False, 否则返回 y 的值	(a and b)返回 2
or	x or y	逻辑或运算符: 如果 x 是非 0, x or y 返回 x 的值, 否则返回 y 的值	(a or b)返回 1
not	not x	逻辑非运算符: 如果 x 为 True, not x 返回 False, 如果 x 为 False, not x 返回 True	not (a and b)返回 False

【案例 2-8】

```python
a = 1                          #设置 a 的值是 1
b = 2                          #设置 b 的值是 2
if a and b:                    #逻辑与运算符, 如果两个操作数都为真, 则条件为真
    print("现在 a 和 b 都为 True")
else:
    print("现在 a 和 b 之中有一个不为 True")
if a or b:                     #逻辑或运算符, 如果两个操作数都为非零, 则条件为真
    print("现在 a 和 b 都为 True, 或其中一个为 True")
else:
    print("现在 a 和 b 都不为 True")
a = 0                          #修改 a 的值, 将其重新赋值为 0
if a and b:                    #逻辑与运算符, 如果两个操作数都为真, 则条件为真
    print("现在 a 和 b 都为 True")
else:
    print("现在 a 和 b 之中有一个不为 True")
if a or b:                     #逻辑或运算符, 如果两个操作数都为非零, 则条件为真
    print("现在 a 和 b 都为 True, 或其中一个为 True")
else:
    print("现在 a 和 b 都不为 True")
if not (a and b):              #逻辑非运算符, 如果两个操作数都为真, 则条件为假
    print("现在 a 和 b 都为 False, 或其中一个为 False")
else:
    print("现在 a 和 b 都为 True")
```

运行后输出的结果如图 2-8 所示。

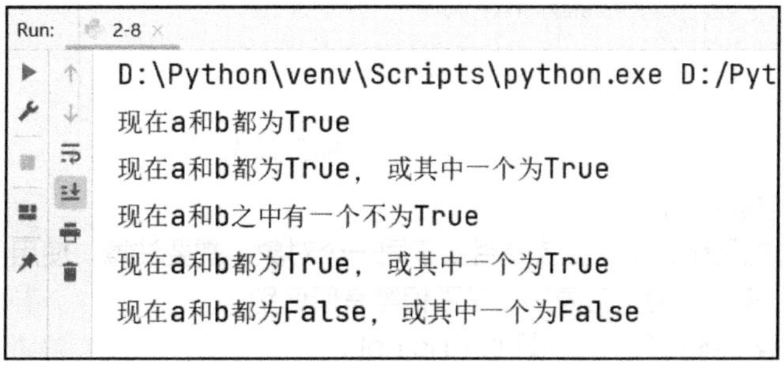

```
Run:    2-8  ×
  ▶  ↑    D:\Python\venv\Scripts\python.exe D:/Pyt
  🔧  ↓    现在a和b都为True
  ▭  ⇥    现在a和b都为True, 或其中一个为True
           现在a和b之中有一个不为True
  ▦  🖨    现在a和b都为True, 或其中一个为True
  📌  🗑    现在a和b都为False, 或其中一个为False
```

图 2-8 案例 2-8 的运行结果

5. 成员运算符与表达式

成员运算符的功能是测试成员组中是否包含某个成员，成员可以是字符串、列表或元组。Python 中的成员运算符有两个，分别是 in 和 not in。成员运算符的应用如表 2-5 所示。

成员运算符与表达式

表 2-5　成员运算符的应用

运算符	功能	实例
in	如果在指定的序列中找到值则返回 True，否则返回 False	x in y，x 在 y 中返回 True
not in	如果在指定的序列中没有找到值则返回 True，否则返回 False	x not in y，x 不在 y 中则返回 True

【案例 2-9】

```
a = 10      #设置 a 的初始值为 10
b = 20      #设置 b 的初始值为 20
list_one = [1, 2, 3, 4, 5]          #定义一个列表，里面有 5 个元素
if a in list_one:                   #如果 a 的值在列表 list_one 里面
    print("a 在列表 list_one 中")
else:                               #如果 a 的值不在列表 list_one 里面
    print ("现在 a 不在列表 list_one 中")
if b not in list_one:               #如果 b 的值不在列表 list_one 里面
    print("现在 b 不在列表 list_one 中")
else:                               #如果 b 的值在列表 list_one 里面
    print("现在 b 在列表 list_one 中")
a = 2                               #修改 a 的值，将其重新赋值为 2
if a in list_one:                   #如果 a 的值在列表 list_one 里面
    print("现在 a 在列表 list_one 中")
else:                               #如果 a 的值不在列表 list_one 里面
    print ("现在 a 不在列表 list_one 中")
```

上述代码用到了列表的知识，这部分内容将在后续项目中进行讲解。运行后输出的结果如图 2-9 所示。

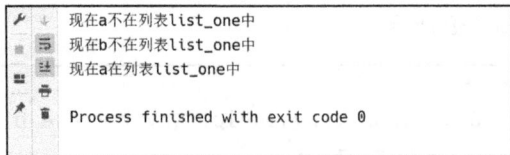

图 2-9　案例 2-9 的运行结果

6. 身份运算符与表达式

身份运算符的功能是比较两个变量是否属于同一个对象。需要注意，使用身份运算符和使用比较运算符中的"=="来比较两个对象的值是否相等有所区别。

Python 有两个身份运算符，分别是 is 和 is not。

Python 变量有 3 个属性，分别是 name、id 和 value。其中，name 为变量名，id 为内存地址，value 是变量的值。身份运算符 is 是通过 id 来进行判断的。如果 id 一样就返回 True，否则返回 False。

代码示例如下。

```
a = [1, 2, 3]    #a 是一个序列，里面有 3 个值：1、2、3
b = [1, 2, 3]    #b 是一个序列，里面有 3 个值：1、2、3
print( a is b )  #身份运算符
```

运行结果为 False，这是因为变量 a 和变量 b 的 id 是不一样的，当使用 is 的时候，比较的是 id（具体的 id 可用 id() 函数查看）。

【案例 2-10】

```
a = b = 20                    #设置 a、b 的初始值是 20
if a is b:                    #用 is 判断 a 和 b 是不是引用自同一个对象
    print("现在 a 和 b 有相同的标识")
else:
    print("现在 a 和 b 没有相同的标识")
if id(a) == id(b):           #用 is 判断 a 和 b 的 id 是不是引用自同一个对象
    print("现在 a 和 b 有相同的标识")
else:
    print ("现在 a 和 b 没有相同的标识")
print("a 的 id 是: " , id(a))
print("b 的 id 是: " , id(b))
b = 30                        #修改 b 的值，将其重新赋值为 30
if a is b:                    #用 is 判断 a 和 b 是不是引用自同一个对象
    print("现在 a 和 b 有相同的标识")
else:
    print("现在 a 和 b 没有相同的标识")
if a is not b:               #判断 a 和 b 是不是引用自不同对象
    print ("现在 a 和 b 没有相同的标识")
else:
    print ("现在 a 和 b 有相同的标识")
print("a 的 id 是: " , id(a))
print("b 的 id 是: " , id(b))
```

运行后输出的结果如图 2-10 所示。

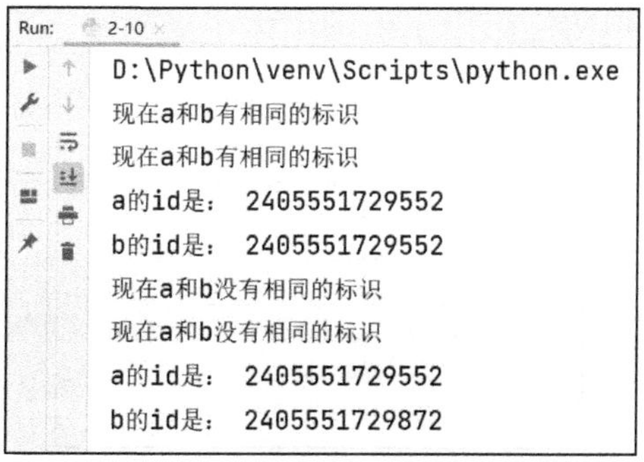

图 2-10　案例 2-10 的运行结果

7. 位运算符与表达式

位运算符是把数值看作二进制数来进行计算的。位运算符的功能是操作二进制数，使用位运算可以直接操作整数类型的位。Python 有 6 个位运算符，下面假设变量 a 的值为 60，变量 b 的值为 13，则使用位运算符对变量 a 和 b 进行运算的过程如表 2-6 所示。

表 2-6 位运算符的应用

运算符	功能	举例
&	按位与运算符：参与运算的两个值，如果对应的两个位都为 1，则该位的结果为 1，否则为 0	(a & b)的输出结果是 12，二进制解释：00001100
|	按位或运算符：只要对应的两个位有一个为 1，结果位就为 1	(a|b)的输出结果是 61，二进制解释：00111101
^	按位异或运算符：当两个对应的位相异时，结果位为 1	(a^b)的输出结果是 49，二进制解释：0011 0001
~	按位取反运算符：对数据的每个位取反，即把 1 变为 0，把 0 变为 1	(~a)的输出结果是-61，二进制解释：1000011（带有符号二进制数的补码形式）
<<	左移运算符：把"<<"左边的运算数的各位全部左移若干位，由"<<"右边的数指定移动的位数，高位丢弃，低位补 0	a << 2 的输出结果是 240，二进制解释：11110000
>>	右移运算符：把">>"左边的运算数的各位全部右移若干位，">>"右边的数指定移动的位数，高位补 0，低位丢弃	a >> 2 的输出结果是 15，二进制解释：00001111

【案例 2-11】

```
a = 60              #60 对应的二进制数是：00111100
b = 13              #13 对应的二进制数是：00001101
c = a & b           #12 对应的二进制数是：00001100
print("c的值为：", c)
c = a | b           #61 对应的二进制数是：00111101
print("c的值为：", c)
c = a ^ b           #49 对应的二进制数是：00110001
print("c的值为；", c)
c = ~a              #-61 对应的二进制数是：11000011
print("c的值为：", c)
c = a << 2          #240 对应的二进制数是：11110000
print("c的值为：", c)
c = a >> 2          #15 对应的二进制数是：00001111
print("c的值为：", c)
```

运行后输出的结果如图 2-11 所示。

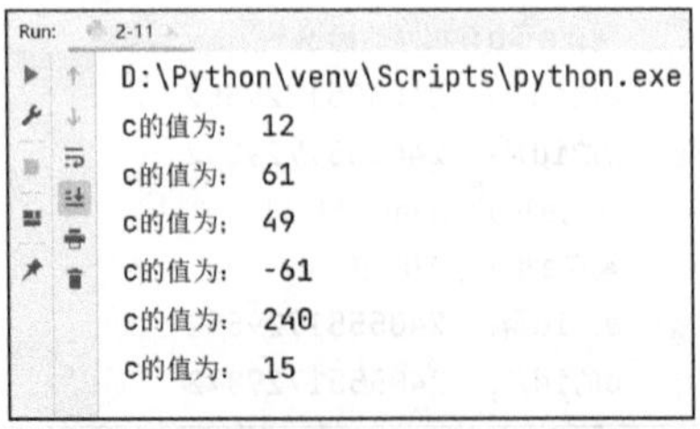

图 2-11 案例 2-11 的运行结果

2.3 任务实施

时间的格式化和显示在编程中具有广泛的应用。在图形用户界面（Graphical User Interface，GUI）或命令行界面（Command-Line Interface，CLI）中，程序（如日历应用、时钟应用、日程安排应用等）可能需要显示当前时间、日期或特定时间的信息。在实际的软件项目开发中，日志记录、文档生成、数据库操作、定时任务、国际化与本地化等需求都需要使用时间格式化功能，通常会使用日期时间处理库来进行时间的格式化和显示，这些库提供了丰富的功能和方法来处理日期、时间和时区，方便且灵活。本节以冬奥会计时牌项目为例，使用 Python 的数据类型和运算符来实现时间的基本处理和显示。

2.3.1 任务一：冬奥会计时牌的时间设置功能开发

计时牌在比赛中起提醒时间的作用，比如在冰球比赛中，一般在比赛的最后几十秒，电子计时牌上就会显示倒计时，提醒比赛中的运动员。当然电子计时牌的倒计时在不同的比赛中有不同的用途。在 Python 中可以通过字符输出的形式来显示时间，以此可开发出计时器。

【案例 2-12】通过异频雷达获取运动员成绩，初始化计时牌中的时间设置。代码如下。

```
print("-----------欢迎使用冬奥会计时系统-------------")
time = input("请输入通过异频雷达获取的运动员成绩（毫秒）: ")
time = int(time)
print("当前通过异频雷达获得的该运动员成绩为: ", time,"毫秒")
```

输入"60000"，结果如图 2-12 所示。

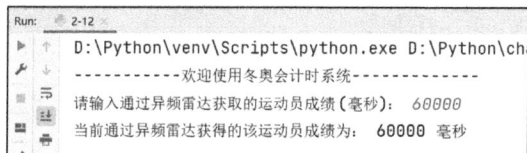

图 2-12 时间设置功能的运行结果

2.3.2 任务二：冬奥会计时牌的时间转换功能开发

任务一通过异频雷达获取的运动员成绩的单位是毫秒，不符合人们的日常使用习惯，本任务将时间转换为以秒、分、时和天为单位的形式。

【案例 2-13】根据需求编写代码，实现时间转换功能。

```
print("-----------欢迎使用冬奥会计时系统-------------")
time = input("请输入通过异频雷达获取的运动员成绩（毫秒）: ")
time = int(time)
print("当前通过异频雷达获得的该运动员成绩为: ", time,"毫秒")
time = time / 1000
print("当前通过异频雷达获得的该运动员成绩为: ", time,"秒")
time = time / 60
print("当前通过异频雷达获得的该运动员成绩为: ", time,"分")
time = time / 60
print("当前通过异频雷达获得的该运动员成绩为: ", time,"时")
time = time / 24
print("当前通过异频雷达获得的该运动员成绩为: ", time,"天")
```

进行时间转换后，运行结果如图 2-13 所示。

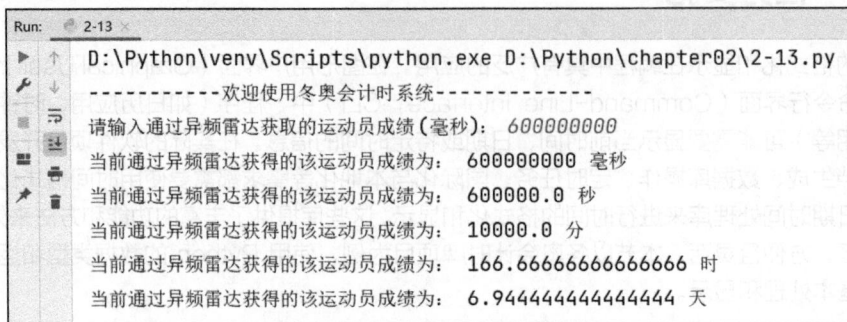

图 2-13 时间转换功能的运行结果

2.3.3 任务三：冬奥会计时牌的显示功能开发

任务二将时间转换为以秒、分、时和天为单位的形式，显示在计时牌中，但无法直观查看时间单位的层级，本任务将时间显示为天/时/分/秒的形式。

【案例 2-14】根据项目需求分析并实现计时牌显示功能。

```python
print("-----------欢迎使用冬奥会计时系统-------------")
time = input("请输入通过异频雷达获取的运动员成绩（毫秒）: ")
time = int(time)
#暂时存储输入的毫秒并将其转换为秒
staging = time // 1000
second = staging % 60      #存储秒
minute = staging // 60     #存储总分钟
staging = minute // 60
minute = minute % 60
hour = staging % 24
day = staging // 24
print("时间是: ", day,"天", hour,"时", minute,"分", second,"秒")
```

运行结果如图 2-14 所示。

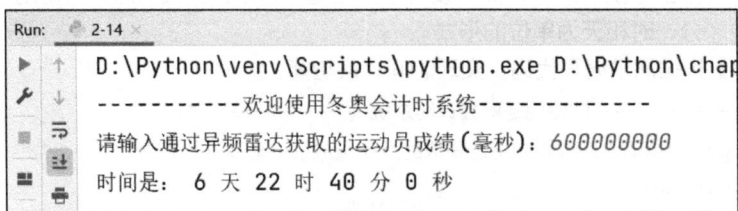

图 2-14 时间显示功能的运行结果

2.4 拓展创新

Python 运算符的优先级是指在使用运算符的过程中需要遵循的先后顺序。Python 运算符的优先级共分 13 级，其中 1 级最高，13 级最低。

如果属于同级运算符，则按照运算符的结合方向来处理。运算符通常由左向右结合，即具有相同优先级的运算符按照从左向右的顺序计算。表 2-7 列出了优先级从高到低的所有运算符。

表 2-7　运算符的优先级

级别	运算符	描述
1	**	幂运算符（最高优先级）
2	~、+、-	按位取反运算符、一元加号和减号
3	*、/、%、//	乘、除、取模和取整除运算符
4	+、-	加、减运算符
5	>>、<<	右移、左移运算符
6	&	按位与运算符
7	^、|	按位异或、按位或运算符
8	<= 、<、>、>=	比较运算符
9	==、!=	等于运算符、不等于运算符
10	=、%=、/=、//=、= += *= **=	赋值运算符
11	is not、is	身份运算符
12	in、not in	成员运算符
13	Not、or、and	逻辑运算符

【案例 2-15】

```
a = 30              #设置 a 的初始值是 30
b = 20              #设置 b 的初始值是 20
c = 10              #设置 c 的初始值是 10
d = 5               #设置 d 的初始值是 5
e = (a + b * c) / d
print(" (a + b * c) / d 运算结果为: ", e)
e = ((a + b) * c) / d
print(" ((a + b) * c) / d 运算结果为: ", e)
e = a + (b * c) / d
print("a + (b * c) / d 运算结果为: ", e)
```

运行后输出的结果如图 2-15 所示。

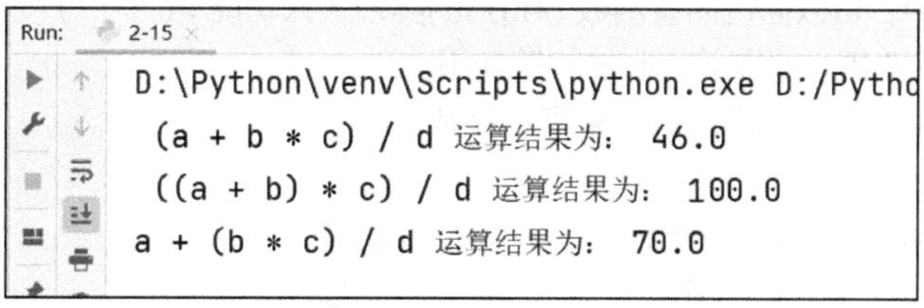

图 2-15　案例 2-15 的运行结果

2.5　项目小结

　　本项目介绍了 Python 的基本语法知识，主要包括 Python 语法规则、变量与常量、基本数据类型、运算符与表达式。通过本项目的学习，读者可以养成良好的学习习惯，严格遵守编程规范。

【素质拓展】冬奥会精神：胸怀大局、自信开放、迎难而上、追求卓越、共创未来

在北京冬奥会上，我国冰雪健儿勇夺 15 枚奖牌，在冬残奥会上，我国体育代表团更是以 61 枚奖牌完美收官，创造了我国参加冬奥会和冬残奥会的历史最好成绩。这是我国冰雪健儿刻苦训练、努力拼搏所获得的，为我国体育事业争了光，为全国人民争了光，为中华民族伟大复兴注入了强大的精神力量。

胸怀大局，就是心系祖国、志存高远，把筹办、举办北京冬奥会、冬残奥会作为"国之大者"，以为国争光为己任，以为国建功为光荣，勇于承担使命责任，为了祖国和人民团结一心、奋力拼搏。

自信开放，就是雍容大度、开放包容，以创造性转化、创新性发展传递深厚文化底蕴，以大道至简彰显悠久文明理念，以热情好客展现中国人民的真诚友善，以文明交流促进世界各国人民的相互理解和友谊。

迎难而上，就是苦干实干、坚韧不拔，保持知重负重、直面挑战的昂扬斗志，百折不挠、克服困难、战胜风险，为了胜利勇往直前。

追求卓越，就是执着专注、一丝不苟，坚持最高标准、最严要求，精心规划设计，精心雕琢打磨，精心磨合演练，不断突破和创造奇迹。

共创未来，就是协同联动、紧密携手，坚持"一起向未来"和"更团结"相互呼应，面朝中国发展未来，面向人类发展未来，向世界发出携手构建人类命运共同体的热情呼唤。

【课后任务】

一、填空题

1. 在默认情况下，Python 源代码文件以_____格式进行编码。
2. Python 的解释器会根据变量的_____来分配内存。
3. _____运算符用于测试成员组中是否包含某个成员。
4. Python 提供了____种比较运算符、____种复合赋值运算符。
5. 比较运算符也被称为_____运算符。

二、判断题

1. Python 不区分字母大小写。（   ）
2. Python 中的关键字可以被用来作为标识符。（   ）
3. 在 Python 中，可以通过内置函数 output()实现输入功能。（   ）
4. Python 中的变量必须提前声明才能够使用。（   ）
5. 在 Python 中，可以使用二进制来表示整数。（   ）

三、选择题

1. 在 Python 中，表示下一行代码缩进的开始的符号是（   ）。
   A. ;　　　　　B. :　　　　　C. |　　　　　D. //
2. 以下不属于 Python 注释的是（   ）。
   A. /**/　　　　B. #　　　　　C. '''　　　　　D. """
3. 以下是合法的 Python 标识符的是（   ）。
   A. or　　　　　B. 98k　　　　C. me@you　　　D. _if
4. 在 Python 中，不可以用来表示整数的是（   ）。
   A. 二进制　　　B. 八进制　　　C. 十进制　　　D. 十二进制

5. 以下属于 Python 中不支持的数据类型的是（　　）。

    A. char   B. int   C. float   D. list

6. 以下不属于 Python 逻辑运算符的是（　　）。

    A. and   B. or   C. &&   D. not

7. 已知 x = 3，那么执行语句 x *= 6 之后，x 的值为（　　）。

    A. 15   B. 16   C. 17   D. 18

8. 1 + 2 * 2 ** 3 + 6 // 3 的结果为（　　）。

    A. 19   B. 131   C. 218   D. 7

9. 下面优先级最高的运算符是（　　）。

    A. /   B. //   C. *   D. **

10. 表达式 1!=0>=0 的结果是（　　）。

    A. True   B. False   C. 0   D. −1

项目3
流程控制结构应用
——智能导盲犬功能开发

03

项目描述

　　我国视障人士数量约为1800万，随着社会全面发展，应促进伤健共融和沟通，提高公众对残疾人士的认识和包容度，缩小视障人士和主流社会之间的鸿沟。

　　导盲犬对盲人或弱视者是非常重要的，但也有局限性。训练一只导盲犬需要花费大量的时间和金钱，这使得许多人在长长的等待名单上或根本买不起导盲犬。导盲犬作为视障人士的移动辅助工具起着重要作用，但它们并不是适合每个人的完美解决方案，诸如成本、较小的居住区甚至过敏等因素可能意味着这些犬类不适合许多人。加州大学伯克利分校的团队选取了四足机器人来建造智能导盲犬。四足机器人的种类丰富、制造成本低，而且它们的形状和大小都和真正的狗比较相似，因此可能是导盲犬的理想替代品，比其他机器人更容易被人类接受。

　　智能导盲犬能顺利躲避道路上的障碍物是实现方向导引的第一步，这一步有极其重大的意义。智能导盲犬还需要根据不同情况做出不同的指引，例如左转、右转、停下等。在Python中，可以通过if语句或者if...else语句以及if...elif...else语句实现分支结构程序设计，通过for语句、while语句实现循环结构程序设计，这些结构可以用来实现智能导盲犬功能开发。

///// 3.1 任务导入

　　思考智能导盲犬如何躲避障碍物，如何进行功能测试。智能导盲犬在行走过程中给出3种反馈状态，即左转、右转和停止，是通过获取的障碍物距离做出判断，选择不同的引导方式。在Python中可以用分支结构实现智能导盲犬的避障功能，用循环结构实现智能导盲犬功能测试。

知识目标
① 掌握算法的相关知识。
② 掌握程序流程图的相关知识。
③ 掌握分支结构语句（if、if...else、if...elif...else 语句的使用方法）。
④ 掌握循环结构语句（for、while 语句的使用方法）。
⑤ 掌握循环嵌套的使用方法。

能力目标
① 学会进行结构化程序设计的方法和步骤。
② 能够根据实际需求运用合适的分支结构语句。
③ 能够根据实际需求灵活使用 for 语句和 while 语句。

学习任务

任务一：智能导盲犬避障方向控制。

任务二：智能导盲犬避障速度控制。

任务三：智能导盲犬功能测试。

3.2 相关知识

Python 中有 3 种基本的流程控制结构：顺序结构、分支结构与循环结构。通过学习，读者能掌握 if 语句、嵌套 if 语句、while 语句、for 语句、循环嵌套以及跳转语句等的使用。

3.2.1 算法与程序流程图

在软件开发领域中，算法以及程序流程图是非常重要的。掌握算法和程序流程图可以帮助我们设计出清晰、有效的问题解决方案，从而更容易理解问题的本质和解决方法。

1. 算法

程序是由算法与数据结构组成的，我们要学习程序设计，就要先了解算法和数据结构。算法（Algorithm）是指解决问题的确切并且完整的描述，是解决问题的一系列清晰指令，是一种解决问题的策略机制。简单来说，算法也可以理解成解决某个问题的计算方法与步骤，它能够接收一定规范的输入，并在有限时间内产生符合要求的输出。具体可拆解成如下内容。

（1）目的：为了解决某个/某类问题，需要先对问题进行分析，确定解决问题的方法与步骤。

（2）方法：按照一定的语法规则，编写一组能够让计算机执行的程序。

（3）实施：输入可计算的、具体的、可量化的信息，获得输出。

（4）优化：根据结论判断过程是否符合预期，能否调整、优化。

对于同类型的问题，不同的算法可能用不同的时间、空间或效率来解决。一个算法的优劣可以用空间复杂度与时间复杂度来衡量。在学习程序设计的过程中，对问题进行分析、归纳、总结是写出高质量程序的基础。

例如，现有 3 个数，要求设计一个算法，将它们按从小到大的顺序排列。

要解决此问题，可以比较前后两个数字，如果前面的数字比后面的小，就交换它们的位置，直到不需要交换位置，返回结果。

一个算法应该具有以下 5 个重要的特征。

- 有穷性：一个算法应包含有限个步骤，即算法必须在合理的时间内执行有限个步骤之后终止。
- 确定性：算法的每一个步骤必须有确切的定义。
- 可行性：算法中执行的操作都可以被分解为基本的可执行的操作步骤，即每个操作步骤都可以在有限时间内完成（也称之为有效性）。
- 有零个或多个输入：用来刻画数据对象的初始情况，多数情况下数据对象靠输入得到。
- 有一个或多个输出：一个算法有一个或多个输出，以反映对输入数据的处理结果。

一个算法是否优秀应从以下几方面来进行衡量。

① 确定性：算法至少应该有输入、输出和加工处理无歧义性，能正确描述问题并得到问题的正确答案。确定性大体分为 4 个层次。

- 算法程序无语法错误。
- 算法程序对于合法的输入产生满足要求的输出。
- 对于非法输入能够做出合理的说明。
- 算法程序对于有意刁难的测试输入都能产生满足要求的输出结果。

② 可读性：程序便于阅读、容易理解。

③ 健壮性：当输入的数据不合法时，算法也能做出合理处理，而不是产生异常、不合理的结果或者崩溃。

④ 效率高并且存储量低。

2. 程序流程图

算法的设计是程序设计的核心。算法的描述方法有很多，最直观且常用的是流程图。程序流程图分为传统流程图和结构流程图两种。

（1）传统流程图。

传统流程图用图形来表示算法。组成流程图的基本图形如图 3-1 所示。

开始或终止框　　处理框　　输入、输出框　　判断框　　流程线　　连接点

图 3-1　程序流程图基本组成图形

流程图表示程序内各步骤的内容以及它们的关系和执行的顺序。它说明了程序的逻辑结构。结构化程序有 3 种基本结构，具体介绍如下。

顺序结构。顺序结构是最简单的结构，按顺序执行各框内容。执行顺序结构程序时，程序按照自上而下的顺序逐条执行，赋值语句、输入语句、输出语句等都可以组成顺序结构。表示顺序结构的流程图如图 3-2 所示。

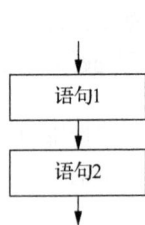

分支结构。分支结构是对设定的条件进行判断，满足条件或不满足条件时，分别选择不同的分支，执行不同的语句。Python 中的 if 语句、if...else 语句等都可构成分支结构。表示分支结构的流程图如图 3-3 所示。

图 3-2　顺序结构流程图　　　　**图 3-3　分支结构流程图**

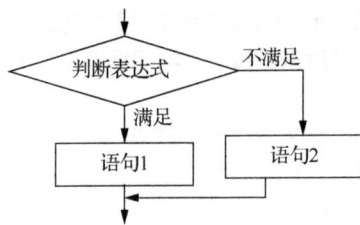

循环结构。循环结构是根据设定的条件，同一组语句重复执行多次或一次也不执行。循环结构有两种类型——当型循环结构和直到型循环结构。两种循环结构的流程图如图 3-4 和图 3-5 所示。

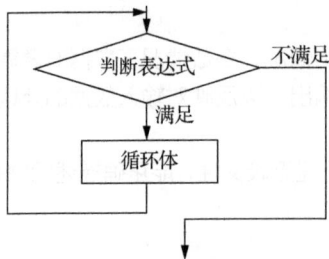

图 3-4　当型循环结构流程图　　　　**图 3-5　直到型循环结构流程图**

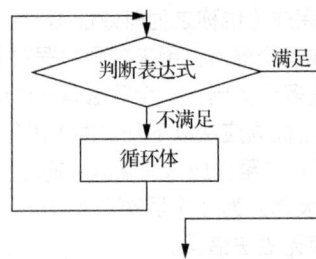

两种循环结构的区别在于，当型循环是当指定的条件成立时执行循环体，否则就不执行；直到型循环是执行循环体直到指定的条件成立。

（2）结构流程图。

结构化描述流程图的形式即结构流程图，也称为 N-S 图。算法都是由顺序结构、分支结构和循环结构组成的，因此去掉了带箭头的流程线，将算法写在一个矩形框内，该框内还可以包含它的从属框，即基本框可组合为更大的框。

表示顺序结构的 N-S 图如图 3-6 所示。

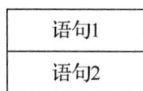

语句1
语句2

图 3-6　顺序结构 N-S 图

表示分支结构的 N-S 图如图 3-7 所示。

判断表达式	
满足	不满足
语句1	语句2

图 3-7　分支结构 N-S 图

表示循环结构的 N-S 图如图 3-8 和图 3-9 所示。

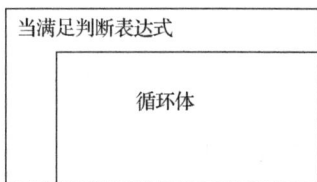

当满足判断表达式
循环体

循环体
直到满足判断表达式

图 3-8　当型循环 N-S 图　　　图 3-9　直到型循环 N-S 图

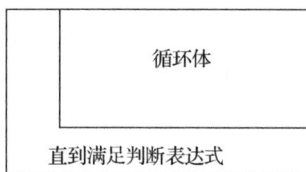

3.2.2　分支结构

分支结构也被称为选择结构。在顺序结构中，程序是自上而下顺序执行的；而在分支结构中，使用特定的条件语句可以使程序依据不同的条件执行不同的语句，实现流程控制。在 Python 中，分支结构可分为单分支结构、双分支结构和多分支结构。

1. if 语句

在 Python 中，if 语句用来实现单分支结构，其语法格式如下。

```
if 判断条件：
    语句块
后续语句
```

单分支

其中，if 为关键字，与判断条件之间使用空格进行分隔；判断条件为一个条件表达式，表达式后跟随冒号"："，表示 if 语句的开始；语句块可以是一条或多条语句，严格遵循缩进原则，与 if 语句产生关联。

分支结构根据判断条件来选择执行的语句，因此判断条件的设置非常重要。判断条件是一个条件表达式，返回结果即布尔值。当判断条件成立时（即判断条件的布尔值为 True），执行 if 语句中的语句块；当判断条件不成立时（即判断条件的布尔值为 False），跳出分支结构，执行后续语句。if 语句的执行流程如图 3-10 所示。

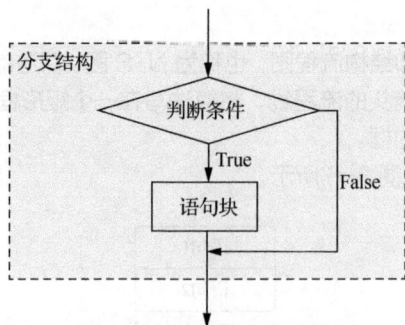

图 3-10　if 语句的执行流程

【案例 3-1】通过获取的整数，输出整数的绝对值，演示 if 语句的用法。代码如下。

```
a = int(input("请输入一个整数: "))      #输入一个整数并将其转换为整型
if a < 0:                              #if 语句开始，判断 a 的值是否小于 0
    a = -a                             #如果 a 小于 0，取其相反数
print("您输入数据的绝对值为: ", a)       #输出 a 的值
```

上述代码在执行过程中，首先提示用户输入一个整数，并将输入的字符串型数据转换为整数；判断条件用来判断输入的数据是否是负数，当判断条件为 True 时，执行 if 语句中的语句块，最终输出结果。假设用户输入-10，运行程序后输出其绝对值 10，结果如图 3-11 所示。

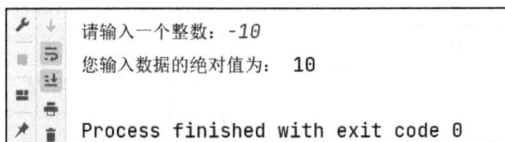

图 3-11　案例 3-1 的运行结果

2. if...else 语句

if 语句只能用于处理判断条件成立时的情况，即单分支结构，无法处理判断条件不成立的情况。面对双分支结构，在 Python 中可以使用 if...else 语句来同时解决判断条件成立与不成立时的问题。if...else 语句的语法格式如下。

```
if 判断条件:
    语句块 1
else:
    语句块 2
```

双分支

执行双分支结构的程序时，首先进行条件的判断。当判断条件为 True 时，执行 if 语句中的语句块 1；当判断条件为 False 时，执行 else 语句中的语句块 2。if...else 语句的执行流程如图 3-12 所示。

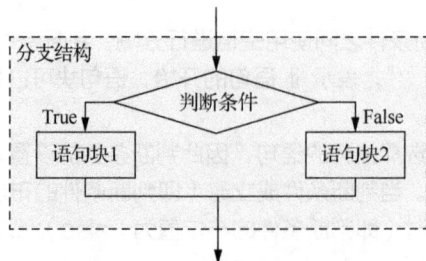

图 3-12　if...else 语句的执行流程

【案例 3-2】 通过采集的距离数据判断自己与障碍物的距离是否在安全范围内，演示 if...else 语句的用法。代码如下。

```
distance = int(input("请输入当前的距离: "))        #输入距离数据并将其转换为整型
if distance <= 10:                              #if 语句开始，判断距离是否小于等于 10
    print("您距离障碍物不足十米，请注意躲避。")      #判断条件为 True 时执行本行
else:
    print("您与障碍物之间还有一定距离，请继续前行。") #判断条件为 False 时执行本行
```

上述代码在执行过程中，首先提示用户输入距离数据并将其转换为整型数；判断条件用来判断输入的距离数据是否小于等于 10，当判断条件为 True 时，执行 if 语句中的语句块，当判断条件为 False 时，执行 else 语句中的语句块，最终输出结果。假设用户两次分别输入 8 和 30，运行程序后结果如图 3-13 和图 3-14 所示。

图 3-13 案例 3-2 的运行结果（1）

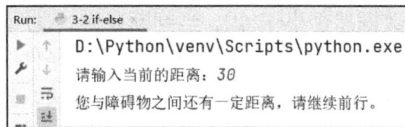

图 3-14 案例 3-2 的运行结果（2）

3. if...elif...else 语句

上面介绍了单分支结构和双分支结构的处理方法，Python 中没有 switch 语句，在处理多分支结构时，Python 提供了 if...elif...else 语句，其语法格式如下。

多分支

```
if 判断条件1:
    语句块 1
elif 判断条件2:
    语句块 2
...
else:
    语句块 3
```

执行多分支结构的程序时，首先对判断条件 1 进行判断。当判断条件 1 为 True 时，执行 if 语句中的语句块 1；当判断条件 1 为 False 时，对判断条件 2 进行判断；当判断条件 2 为 True 时，执行 elif 语句中的语句块 2。以此类推，如需增加分支，增加 elif 语句即可。当所有分支中的判断条件都为 Flase 时，执行 else 语句中的语句块 n。if...elif...else 语句的执行流程如图 3-15 所示。

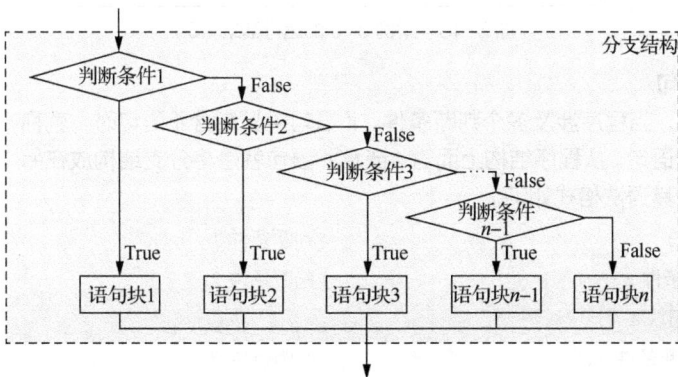

图 3-15 if...elif...else 语句的执行流程

【**案例 3-3**】通过判断当前的行进速度是否适中，演示 if...elif...else 语句的用法。示例要求行进速度在 40m/min 以下时，提示速度较缓慢；行进速度在 40m/min 至 80m/min 时，提示正常行进；行进速度在 80m/min 以上时，速度较快，提醒注意安全。代码如下。

```
speed = int(input("请输入当前的行进速度: "))
if speed < 40:                                    #判断条件 1
    print("您的速度比较缓慢，请悠闲地散步吧! ")
elif 80 > speed >= 40:                            #判断条件 2
    print("您的速度比较舒适，请正常行进! ")
else:                                             #所有判断条件都不满足
    print("您的速度较快，请注意安全! ")
```

上述代码在执行过程中，首先提示用户输入行进速度并将其转换为整型数据。判断条件 1 用来判断输入的数据是否小于 40，当判断条件 1 为 True 时，执行 if 语句中的语句块；当判断条件 1 为 False 时，对判断条件 2 进行判断；当判断条件 2 为 True 时，执行 elif 语句中的语句块；当判断条件 2 为 False 时，执行 else 语句中的语句块，最终输出结果。假设用户逐次输入 30、60 和 90，运行程序后结果如图 3-16、图 3-17、图 3-18 所示。

图 3-16　案例 3-3 的运行结果（1）

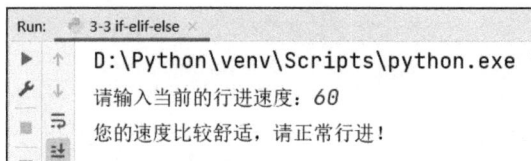

图 3-17　案例 3-3 的运行结果（2）

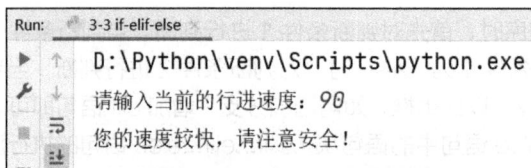

图 3-18　案例 3-3 的运行结果（3）

4. 嵌套 if 语句

在 Python 中，当程序涉及多个判断条件，if 语句中又包含 if 语句时，就称这个语句为嵌套 if 语句。从程序结构上而言，嵌套 if 语句就是将分支结构放在另一个分支结构中，其语法格式如下。

```
if 判断条件 1:                    #判断条件 1
    if 判断条件 2:                #判断条件 2
        语句块 1
    elif 判断条件 3:             #判断条件 3
        语句块 2
```

分支嵌套

```
    else:
        语句块 3
...
else:
    语句块 4
```

执行嵌套 if 语句时，首先对判断条件 1 进行判断。当判断条件 1 为 True 时，执行内层 if 语句，并对判断条件 2 进行判断；当判断条件 2 为 True 时，执行内层 if 语句中的语句块 1，为 Flase 则跳出内层分支结构，顺序执行内层分支结构之后的代码。当判断条件 1 为 Flase 时，则内层分支结构不执行。嵌套 if 语句的执行流程如图 3-19 所示。

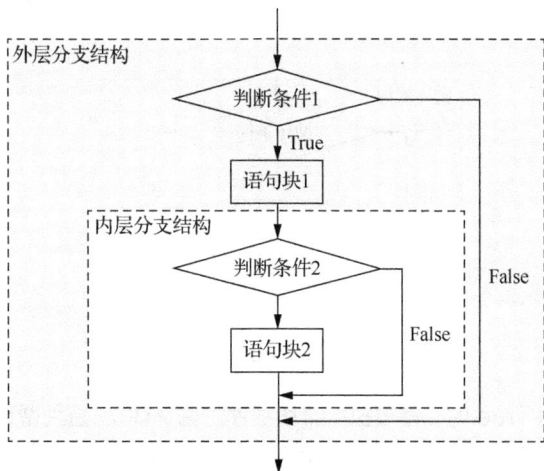

图 3-19　嵌套 if 语句的执行流程

【案例 3-4】上述速度提示案例可修改为嵌套 if 语句，代码如下。

```
speed = int(input("请输入当前行进速度: "))
if speed <80:                                    #判断条件 1
    if speed <40:                                #判断条件 2
        print("您的速度比较缓慢，请悠闲地散步吧! ")
    else:
        print("您的速度比较舒适，请正常行进! ")
else:
    print("您的速度较快，请注意安全! ")
```

上述代码在执行过程中，首先提示用户输入当前行进速度并将其转换为整型数据。判断条件 1 用来判断输入的数据是否小于 80，当判断条件 1 为 True 时，执行 if 语句中的语句块，对判断条件 2 进行判断；当判断条件 2 为 True 时，执行内层 if 中的语句块；当判断条件 2 为 Flase 时，执行内层 else 语句中的语句块；当判断条件 1 为 Flase 时，执行外层 else 语句中的语句块，最终输出结果。假设用户逐次输入 30、60 和 90，运行程序后结果与案例 3-3 相同。

3.2.3　循环结构与跳转语句

现实世界中存在许多重复发生的事情，程序中也是如此，可能会出现代码重复执行的情况。循环结构指的是在给定条件为 True 时，循环语句重复执行。在程序设计中，循环是一种非常重要的结构，通过应用循环结构，能够以简洁的代码实现重复的操作。Python 语言提供的循环语句，主要包括 while 语句和 for 语句，以及跳转语句（break 语句、continue 语句和 pass 语句）等。本小节通过示例讲解各类语句的具体使用方法。

1. while 语句

while 循环是一种条件循环，由 while 关键字、循环条件、冒号和循环体构成。while 语句的语法格式如下。

```
while 循环条件：
    循环体
```

while 语句

在上述格式中，while 关键字必须使用小写英文；while 语句和之后的循环体严格缩进；循环体可以是单条或多条语句，但不能为空。while 语句的执行流程如图 3-20 所示。

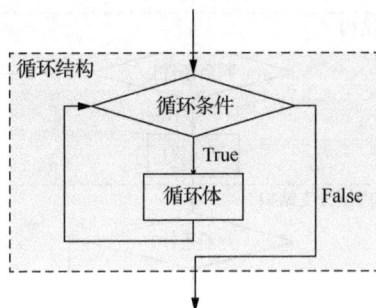

图 3-20 while 语句的执行流程

当给定的循环条件为 True 时，重复执行某段程序（循环体），直到循环条件为 False 时，退出循环，执行循环体后面的语句。若第一次判断循环条件时，循环条件为 False，程序会忽略 while 语句，执行后续语句；若循环条件一直为 True，则会一直执行循环体。

比较 while 语句的执行流程与 if 语句的执行流程，可以得知，两者都是循环条件为 True 时执行相应的语句块或循环体。两者主要的区别在于，if 语句执行完语句块后立即退出分支结构；而 while 语句则是执行完循环体后返回至循环条件，继续进行判断，若循环条件为 True，会一直循环这个过程。

while 循环最大的一个特点为循环次数不确定，所以循环体中必须包含循环结束的代码，否则会无限循环。

【案例 3-5】通过不断缩短与障碍物之间的距离直至超过安全距离，演示 while 循环的用法。代码如下。

```
distance = 20                    #设置与障碍物的距离
while distance >= 5:             #设定循环条件
    print(distance,end=" ")
    distance -= 1                #每循环一次，distance 的值-1
```

上述代码在执行过程中，首先为变量赋初始值，随后判断 while 循环的循环条件。循环条件为 True 时，执行循环体；循环体执行一次之后，变量的值递减 1，返回循环条件继续进行判断，如此往复，直至循环条件为 False，结束循环语句。运行程序后结果如图 3-21 所示。

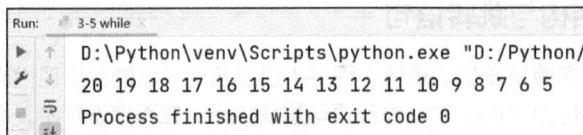

图 3-21 案例 3-5 的运行结果

2. for 语句

（1）for 循环。

for 循环是一种最常用的循环，一般用来实现遍历。遍历是对某序列对象逐一进行访问的过程。例如依次访问字符串中的字符。for 语句的语法格式如下。

for 语句

```
for 循环变量 in 遍历对象
    循环体
```

在上述格式中，关键字为 for、in，循环变量用于保存每次循环所访问的遍历对象中的元素，遍历对象可以是字符串、文件或后面将要介绍的元组、列表、字典等的组合。当遍历对象中的元素遍历完成后，循环结束。

【案例 3-6】通过遍历字符串"Python"中的字符，演示 for 循环的用法。代码如下。

```
for letter in "Python":
    print(letter)
```

运行结果如图 3-22 所示。

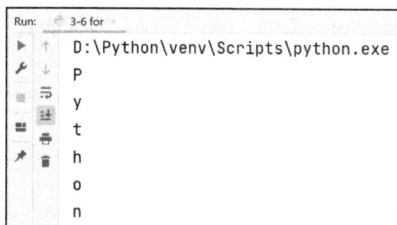

图 3-22 案例 3-6 的运行结果

（2）for...in...range()结构。

for 循环常与内置函数 range()结合使用，实现遍历循环。

range()函数的语法格式如下。

```
range(start, stop[, step])
```

- start：计数从 start 开始，默认值为 0。
- stop：计数到 stop 结束，但不包括 stop。若 range()函数只有一个参数 x，则会产生一个从 0 到 $x-1$ 的整数列表。
- step：步长，每次循环的增加值，默认值为 1。

【案例 3-7】通过设置 range()函数的计数范围来遍历导盲犬行走圈数，演示 for...in...range()结构的用法。代码如下。

```
for i in range(1,6):            #循环开始时设定循环次数
    print(i)
```

上述代码在执行过程中，首先执行 for 语句，range()函数生成一个由 1~5 这 5 个数组成的序列，之后将序列中的第一个值 1 赋给变量 i，并进入循环。循环执行一次后，将序列中的第二个值赋给变量 i，继续循环，直至遍历完序列中的全部元素为止。运行程序后结果如图 3-23 所示。

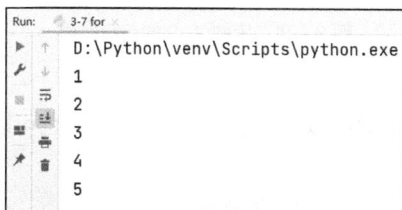

图 3-23 案例 3-7 的运行结果

3. 循环嵌套

在循环中嵌套循环可以实现更加复杂的逻辑结构。按照不同的循环语句，可以将循环嵌套分为 while 循环嵌套与 for 循环嵌套。

（1）while 循环嵌套。

while 循环嵌套是指 while 循环中嵌套了 while 循环或 for 循环。while 循环嵌套的语法格式如下。

循环嵌套

```
while 循环条件1:              #外层循环
    循环体1
    while 循环条件2:          #内层循环
        循环体2
```

在上述格式中，先判断循环条件 1，其值为 True 时执行循环体 1 并判断循环条件 2；当循环条件 2 的值为 True 时，执行内层循环的循环体 2；当循环条件 2 的值为 False 时跳出内层循环，继续判断外层循环的循环条件 1，直至外层循环的循环条件 1 的值为 False，结束外层循环。

【案例 3-8】通过输出星号组成的三角形，演示 while 循环嵌套的用法。代码如下。

```
#while 嵌套 while
i = 1
while i < 8:                  #外层循环
    j = 0
    while j < i:              #内层循环
        print("*",end="  ")
        j += 1
    print()
    i += 1
```

在上述代码中，变量 i 作为外层循环变量，表示输出星号的行数；变量 j 作为内层循环变量，表示每行输出的星号个数。在代码执行过程中，外层循环每执行一次，内层循环执行 i 次。只有外层循环完成一次才换行，所以在内层循环中修改 print()函数的结束符，使用两个空格替换默认的换行符。运行程序后结果如图 3-24 所示。

图 3-24　案例 3-8 的运行结果

（2）for 循环嵌套。

for 循环嵌套和 while 循环嵌套类似，可以嵌套 for 循环，也可以嵌套 while 循环。嵌套 for 循环时的语法格式如下。

```
for 循环变量 in 遍历对象:     #外层循环
    循环体1
```

```
    for 循环变量 in 遍历对象:    #内层循环
        循环体 2
```

【案例 3-9】通过输出星号组成的三角形,演示 for 循环嵌套的用法。代码如下。

```
#for 嵌套 for
for i in range(1,8):            #外层循环
    for j in range(i):          #内层循环
        print("*",end=" ")
    print()
```

在上述格式中,首先访问外层循环中遍历对象的首个元素,执行循环体 1,访问内层循环中遍历对象的首个元素,执行循环体 2;然后访问内层循环中遍历对象的第二个元素并再次执行循环体 2;直至内层循环中遍历对象的所有元素遍历完成,返回外层循环,访问外层循环遍历对象的下一个元素。相当于每访问一个外层对象的元素,都将内层对象遍历一次。运行程序后结果与案例 3-8 相同。

4. 跳转语句

循环语句在条件满足时会一直执行,当需要改变循环流程时,可以使用跳转语句来结束循环,所以跳转语句也被称为循环控制语句。常用的 3 种跳转语句分别为 break 语句、continue 语句和 pass 语句。

循环控制结构

(1) break 语句。

break 语句的作用是结束循环。如果在 while 嵌套循环或 for 嵌套循环中使用 break 语句,则会停止最深层次循环,执行后续程序。

【案例 3-10】假设用户初始行进速度为 40m/min,行进速度越来越快,设置警戒值,行进速度达到警戒值时跳出循环。通过该示例演示 break 语句的用法。代码如下。

```
#break
speed = 40                              #设置初始速度
for i in range(1,10):
    speed += 5
    if speed >= 60:                     #设置条件进行判断
        break                           #跳出循环
    print("您的当前速度为:", speed, ",速度有点快了,请注意安全! ")  #输出速度并提示
```

上述代码在执行过程中,首先设置初始速度为 40m/min,当速度未达到警戒值时,输出速度并提示。当速度达到警戒值时,跳出循环。运行程序后结果如图 3-25 所示。

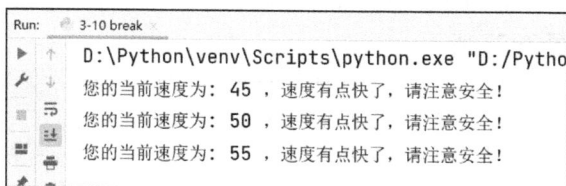

图 3-25　案例 3-10 的运行结果

(2) continue 语句。

continue 语句用于跳出本次循环,不执行本次循环后续语句,重新开始下一轮循环。

continue 语句与 break 语句的不同之处在于,break 语句的作用是跳出全部循环,continue 语句的作用只是跳出本次循环,开始下一轮循环。当 continue 语句用于 while 循环时,执行至 continue 语句后,会跳转至循环条件并开始判断;而当 continue 语句用于 for 循环时,执行至 continue 语句后,会将遍历对象中的下一个元素赋给循环变量,然后进行循环条件的判断。

【**案例 3-11**】假设用户初始行进速度为 40m/min，行进速度越来越快，设置警戒值，行进速度达到警戒值时跳出循环。使用 continue 语句查看会发生什么。通过该示例演示 continue 语句的用法。代码如下。

```
#continue
speed = 40                                    #设置初始速度
for i in range(1,10):
    speed += 5
    if speed >= 60:                           #设置条件进行判断
        continue                              #跳出本轮循环
    print("您的当前速度为:", speed, "，速度有点快了，请注意安全!")  #输出速度并提示
```

运行程序，结果如图 3-26 所示。

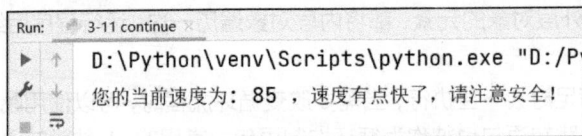

图 3-26　案例 3-11 的运行结果

由结果可以看出，当行进速度 speed 达到警戒值时，执行 continue 语句，跳出本次循环，不再执行后续的 print() 函数，但循环并未结束，而是开始新一轮循环。

（3）pass 语句。

pass 语句是一个空语句。它的作用是保持程序结构的完整性。例如构思某个循环或函数时，可以先使用 pass 语句进行占位，程序执行到 pass 语句时，不会进行任何操作。pass 语句的语法格式如下。

```
pass
```

【**案例 3-12**】通过示例，演示 pass 语句的用法。代码如下。

```
speed = 40                        #设置初始速度
for i in range(1,7):
    speed += 5
    if speed <= 60:
        pass
        print('这是 pass 块')        #speed 小于等于 60 时输出
    print("您的当前速度为:", speed, "m/min")
```

运行程序，结果如图 3-27 所示。

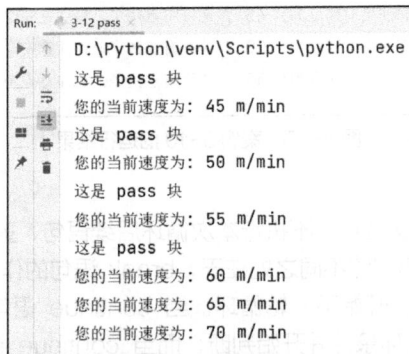

图 3-27　案例 3-12 的运行结果

3.3 任务实施

流程控制在实际的软件项目开发中被广泛应用于控制程序的执行流程，使程序根据不同的条件执行不同的操作。通过合理地使用流程控制语句，开发者可以实现程序的逻辑控制、错误处理、资源管理等功能，从而实现软件项目的开发目标。本节结合顺序结构、分支结构和循环结构，实现智能导盲犬避障功能的开发。

3.3.1 任务一：智能导盲犬避障方向控制

智能导盲犬的成功避障离不开科学合理的避障策略，其核心是根据障碍物的情况和用户行进的状态使用科学合理的躲避方式。智能导盲犬躲避障碍物的第一种方式是改变行进方向。

【**案例 3-13**】行进过程中出现不同方向的障碍物时需要改变行进方向。假设用户直行，前方出现障碍物，智能导盲犬应进行提示并改变行进方向来帮助用户躲避。

根据如上材料编写程序，实现智能导盲犬改变行进方向的功能。

```
distance_f = 3                          #设置前方障碍物距离
distance_l = 3                          #设置左方障碍物距离
distance_r = 30                         #设置右方障碍物距离
if distance_f < 5:                      #判断条件 1
    print("前方有障碍物，请改变方向")
    if distance_l < 5:                  #判断条件 2
        print("左方有障碍物，请勿左转")
        if distance_r >= 5:             #判断条件 3
            print("右方障碍物距离较远，请右转")
        else:
            print("右方有障碍物，已无法改变方向，请掉头")
```

运行结果如图 3-28 所示。

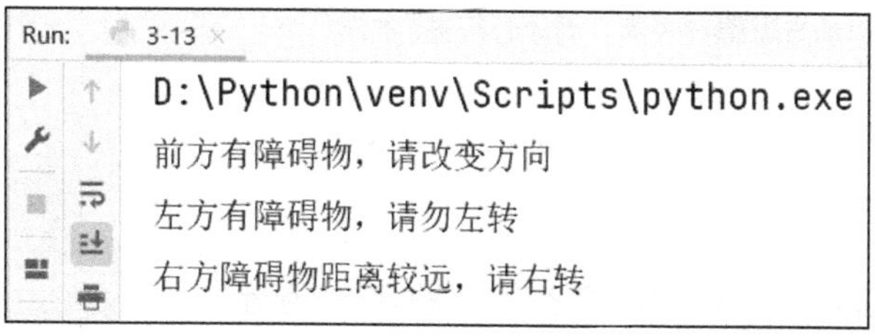

图 3-28　案例 3-13 的运行结果（1）

改变右方障碍物距离为 3，运行结果如图 3-29 所示。

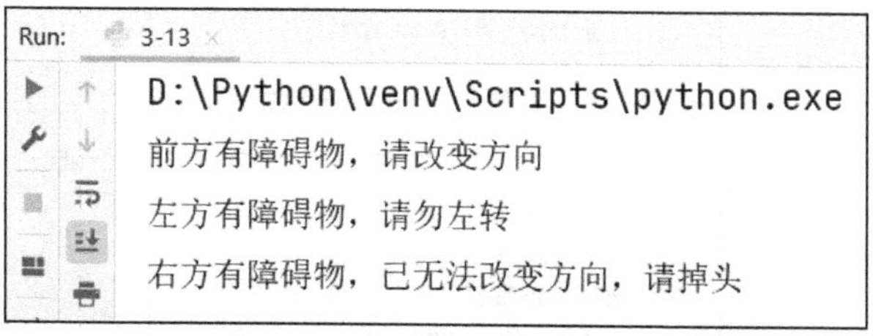

图 3-29　案例 3-13 的运行结果（2）

3.3.2 任务二：智能导盲犬避障速度控制

智能导盲犬躲避障碍物的第二种方式是控制速度或停止行进。

【**案例 3-14**】智能导盲犬带领用户行进的过程中，需保证用户的行进速度超过 60m/min 时与前方障碍物之间的距离不小于 50m，距离不足 50m 时应提醒用户减速；用户的行进速度在 40m/min 至 60m/min 之间时与前方障碍物之间的距离不小于 30m，距离不足 30m 时应提醒用户减速；用户的行进速度在 40m/min 以下时与前方障碍物之间的距离不小于 10m，距离不足 10m 时应提醒用户减速。任何情况下，一旦用户与前方障碍物之间的距离小于 5m，则应提醒用户停止行进。

根据如上材料编写程序，实现智能导盲犬避障速度控制。

```python
distance = int(input("请输入障碍物距离: "))        #请输入障碍物距离
speed = int(input("请输入当前速度: "))            #请输入当前速度
if speed >= 60:
    if distance >= 50:
        print("前方障碍物较远，请放心行进。")
    elif distance > 5:
        print("前方障碍物在安全距离之内，请减速! ")
    else:
        print("前方有障碍物，请停止")
elif 40 <= speed <60:
    if distance >= 30:
        print("前方障碍物较远，请放心行进。")
    elif distance > 5:
        print("前方障碍物在安全距离之内，请减速! ")
    else:
        print("前方有障碍物，请停止")
elif speed < 40:
    if distance >= 10:
        print("前方障碍物较远，请放心行进。")
    elif distance > 5:
        print("前方障碍物在安全距离之内，请减速! ")
    else:
        print("前方有障碍物，请停止")
```

不同输入的运行结果如图 3-30、图 3-31、图 3-32 所示。

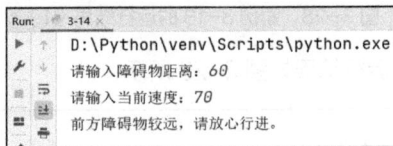

图 3-30　案例 3-14 的运行结果（1）

图 3-31　案例 3-14 的运行结果（2）

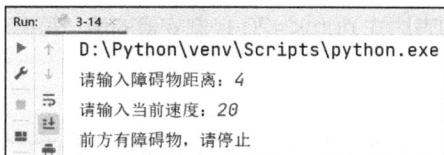

图 3-32　案例 3-14 的运行结果（3）

3.3.3　任务三：智能导盲犬功能测试

智能导盲犬功能测试主要包括用户运动测试，即设置运动圈数测试智能导盲犬的功能。

【案例 3-15】使用智能导盲犬进行 10 圈的测试，每运动完一圈，速度逐渐加快，运动过程中询问用户体验，根据用户身体状况选择是否继续。最终返回运动圈数与速度。

根据如上材料编写程序，完成智能导盲犬功能测试。

```python
speed = int(input("请输入当前速度: "))                              #设置初始速度
sum = 0                                                            #设置计数器
for i in range(1,10):
    print("即将开始第", i, "圈")
    control = input("请输入是否继续，继续请输入'1'，终止请输入'0'")    #询问用户是否继续
    if control == '0':                                            #设置条件进行判断
        break                                                     #跳出循环
    speed += 5
    sum += 1
print("总共完成", sum , "圈", "当前速度为: ", speed)                 #输出圈数及速度
```

运行结果如图 3-33 所示。

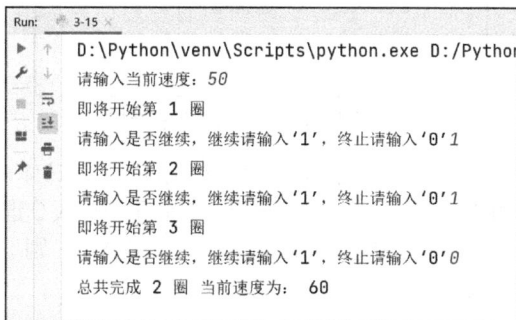

图 3-33　案例 3-15 的运行结果

3.4　拓展创新

在 Python 中，while 循环通常用于需要反复执行某段代码直到满足特定条件的情况。例如，用户输入验证、处理未知数量的数据、监听并响应事件、控制循环次数、实现游戏逻辑等功能都需要使用 while 循环。

3.4.1　while 循环控制

1. 计数控制法

计数控制法适用于设计循环结构时循环次数明确的情况。使用计数控制法时，首先对变量 num

赋初始值，通过循环条件中的表达式 num<=20 控制变量的值，每循环一次，变量值加 1，进而控制循环次数。

2. 信号值控制法

当无法确定循环次数时，需要使用信号值控制法。比如，设计一个程序计算输入数字的和，事先无法确定求和的数字一共有多少个，此时无法使用计数控制法，可使用信号值控制法。

【案例 3-16】设置一个特殊数据，将其作为信号值，用来控制循环结束。示例代码如下。

```
all = 0                        #变量 all 存储计算的和
num = int(input('请输入数字，输入 0 表示输入结束'))
while num != 0:
    all = all + num
    num = int(input('请输入数字，输入 0 表示输入结束'))
else:
    print('结束')
print('和为: ',all)
```

上述代码的关键在于信号值的设置，需要设置一个能够和正常输入的数据明确区分开的数据作为信号值。在本例中，0 是一个特殊的数字，取信号值为 0 不会影响求和计算。运行程序后结果如图 3-34 所示。

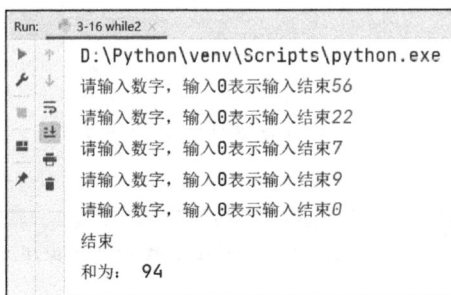

图 3-34　案例 3-16 的运行结果

本例中的变量 all 用来存储和，当输入数据不为 0 时执行一次循环体，进行累加，并提示用户输入下一个数据。循环体会随用户的输入不断重复执行，直到用户输入 0 退出循环，循环退出后执行 else 语句中的语句块，显示"结束"并返回和。若第一次就输入 0，则不会执行 while 循环，而是直接执行 else 语句，返回"结束"。

3.4.2　循环中的 else 子句

1. while 循环中的 else 子句

带 else 子句的 while 循环的语法格式如下。

```
while 循环条件:
    循环体
else:
    语句块
```

while 循环只有在循环条件为 False 时才会终止，因此，while 语句的循环体中必须存在改变循环条件的语句，使得循环能够结束，避免出现无限循环。当出现循环体中没有 break 语句或有 break 语句但未执行的情况时，循环结束后执行 else 子句中的语句块。

2. for 循环中的 else 子句

带 else 子句的 for 循环的语法格式如下。

```
for 循环变量 in 遍历对象:
    循环体
else:
    语句块
```

for 循环中的 else 子句与 while 循环中的 else 子句作用相同，如果循环体中没有 break 语句或有 break 语句但未执行，循环结束后执行 else 子句中的语句块；若执行了 break 语句，程序会连 else 子句中的语句块一起跳过。

3.5 项目小结

本项目主要介绍了 Python 流程控制的相关知识，包括结构化程序设计、顺序结构、分支结构和循环结构等。通过本项目的学习，读者能熟练掌握 Python 程序的基本结构，掌握流程控制语句的使用，为后续的学习奠定坚实的基础。

【素质拓展】科学家精神：不断探索、不怕失败

在中华民族伟大复兴的征程上，一代又一代科学家心系祖国和人民，不畏艰难，无私奉献，为科学技术进步、人民生活改善、中华民族发展做出了重大贡献。新时代更需要继承发扬以国家民族命运为己任的爱国主义精神，更需要继续发扬以爱国主义为底色的科学家精神。

科学家精神——胸怀祖国、服务人民的爱国精神，勇攀高峰、敢为人先的创新精神，追求真理、严谨治学的求实精神，淡泊名利、潜心研究的奉献精神，集智攻关、团结协作的协同精神，甘为人梯、奖掖后学的育人精神。

大力弘扬科学家精神，在全社会形成尊重知识、崇尚创新、尊重人才、热爱科学、献身科学的浓厚氛围，进一步鼓舞和激励广大科技工作者争做重大科研成果的创造者、建设科技强国的奉献者、崇高思想品格的践行者、良好社会风尚的引领者，不断向科学技术的广度和深度进军。

【课后任务】

一、填空题

1. _____语句是最简单的条件语句。
2. Python 中的循环语句有_____和_____。
3. 若循环条件的值变为_____，说明程序进入无限循环。
4. _____循环一般用于实现遍历。
5. _____语句可以用于跳出本次循环，执行下一次循环。

二、判断题

1. if...else 语句可以处理多个分支条件。（   ）
2. if 语句不支持嵌套使用。（   ）
3. elif 语句可以单独使用。（   ）
4. break 语句用于结束循环。（   ）
5. for 循环只能遍历字符串。（   ）

三、选择题

1. 下列选项中，运行后会输出 1、2、3 的是（   ）。

A.
```
for i in range(3):
    print(i)
```

B.
```
for i in range(2):
    print(i + 1)
```

C.
```
nums = [0, 1, 2]
for i in nums:
    print(i + 1)
```

D.
```
i = 1
while i < 3:
    print(i)
    i = i + 1
```

2. 现有如下代码：

```
sum = 0
for i in range(100):
    if(i % 10):
        continue
    sum = sum + i
print(sum)
```

运行代码，输出的结果为（   ）。

A. 5050　　　　　　　B. 4950　　　　　　　C. 450　　　　　　　D. 45

3. 已知 x=10、y=20、z=30，以下代码执行后 x、y、z 的值分别为（   ）。

```
if x < y:
    z = x
    x = y
    y = z
```

A. 10、20、30　　　B. 10、20、20　　　C. 20、10、10　　　D. 20、10、30

4. 已知 x 与 y 的关系如表 3-1 所示，以下选项中，可以正确地表达 x 与 y 之间关系的是（   ）。

表 3-1　x 与 y 的关系

x	y
x<0	x–1
x=0	x
x>0	x+1

A.
```
y = x + 1
if x >= 0:
    if x == 0:
        y = x
    else:
        y = x - 1
```

B.
```
y = x - 1
if x! = 0:
    if x > 0:
        y = x + 1
    else:
        y = x
```

C.
```
if x <= 0:
    if x < 0:
        y = x - 1
    else:
        y = x
else:
    y = x + 1
```

D.
```
y = x
if x <= 0:
    if x < 0:
        y = x - 1
    else:
        y = x + 1
```

5. 下列语句中，可以跳出循环结构的是（　　　）。

    A. continue   B. break   C. if   D. while

四、简答题

1. 简述 break 语句和 continue 语句的区别。

2. 简述 while 语句和 for 语句的区别。

五、编程题

1. 用户输入数据，判断其是正数还是负数。

2. 0 至 100 之间有多少个质数？输出 0 至 100 之间的所有质数。

3. 利用循环的嵌套输出 3 种不同布局类型的星号。

4. 用户输入两个正整数，计算其最大公约数和最小公倍数。

项目4
函数的应用
——模拟探月工程

04

项目描述

2004年，我国正式开展月球探测工程，并将其命名为"嫦娥工程"。嫦娥工程总体分为"无人月球探测""载人登月""建立月球基地"3个阶段，目前所指的"中国探月工程"即"无人月球探测"阶段，包括"绕""落""回"3个步骤。

中国探月工程从提出到最终圆满实施，历经二十载，无数中国航天人为之奉献了自己的青春与血汗。本项目以Python的函数功能为基础，实现中国探月工程的模拟演示。

4.1 任务导入

Python 提供了丰富的内置函数，例如前面学到的 input()函数、print()函数等，此外，Python还允许用户自定义函数。

知识目标
① 理解 Python 函数的定义与作用。
② 掌握自定义函数的定义与调用方法。
③ 理解函数的变量作用域。
④ 掌握多种函数参数类型。
⑤ 理解函数的返回值。
⑥ 理解自定义模块与包。
⑦ 理解递归函数与匿名函数。

能力目标
① 掌握不同类型参数的使用方法。
② 掌握自定义模块的创建与导入方法。
③ 掌握包的创建方法。
④ 掌握递归函数与匿名函数的使用方法。

学习任务
任务一：探月工程倒计时函数的开发。
任务二：火箭发射功能的开发。
任务三：月球采样功能的开发。
任务四：探月返航功能的开发。

4.2 相关知识

函数是 Python 程序的基本构成元素之一，通过调用函数可以实现软件程序的某个功能。在一个 Python 项目中，很多基本功能都是通过函数实现的。本节将详细介绍 Python 中函数的基本知识。

4.2.1 Python 函数基础

在编写 Python 程序的过程中，可以将执行某个指定功能的语句提取出来，并将其封装为函数。这样就可以在程序中通过调用函数来执行这个功能，并且可以多次调用，而不必重复粘贴相同的代码，同时也可以使得程序结构更加清晰，更容易维护。

1. 内置函数

Python 解释器自带的函数叫作内置函数，这些函数可直接使用，不需要导入某个模块。

内置函数和标准库函数是不同的。Python 解释器是一个程序，为用户提供一些常用功能，并给它们起了独一无二的名字，这些常用功能就是内置函数。Python 解释器启动以后，内置函数随即生效。

定义与调用函数

Python 标准库是解释器的外部扩展，并不会随着解释器的启动而启动，要想使用这些外部扩展，必须提前导入。Python 具有庞大的标准库，其中包含很多模块，使用某个函数时，需要提前导入对应的模块。

内置函数是解释器的一部分，它随着解释器的启动而生效；标准库函数是解释器的外部扩展，导入模块以后该模块下的函数才能生效。一般来说，内置函数的执行效率要高于标准库函数。

内置函数的数量必须严格控制，否则 Python 解释器会变得庞大和臃肿。一般来说，只有那些使用频繁或者和语言本身绑定比较紧密的函数才会被提升为内置函数。

例如，在屏幕上输出文本就是使用最频繁的功能之一，因此 print()是 Python 的内置函数。Python 的内置函数如表 4-1 所示。

表 4-1　Python 的内置函数

abs()	delattr()	hash()	memoryview()	set()
all()	dict()	help()	min()	setattr()
any()	dir()	hex()	next()	slice()
ascii()	divmod()	id()	object()	sorted()
bin()	enumerate()	input()	oct()	staticmethod()
bool()	eval()	int()	open()	str()
breakpoint()	exec()	isinstance()	ord()	sum()
bytearray()	filter()	issubclass()	pow()	super()
bytes()	float()	iter()	print()	tuple()
callable()	format()	len()	property()	type()
chr()	frozenset()	list ()	range()	vars()
classmethod()	getattr()	locals()	repr()	zip()
compile()	globals()	map()	reversed()	_import_()
complex()	hasattr()	max()	round()	

2. 自定义函数

与内置函数不同，自定义函数需要用户定义（声明）后才能调用。自定义函数需要指定函数名称并编写定义函数功能的语句集，不同的函数具有不同的功能、不同的函数名称和不同的语句集。使用函数时，只要按照函数定义的形式向函数传递必需的参数，就可以调用函数执行相应的功能或者获得函数返回的处理结果。

使用关键字 def 定义函数，定义函数的语法格式如下所示。

```
def〈函数名〉(参数列表)：
    〈函数语句〉
return〈返回值〉
```

在上述格式中，参数列表和返回值不是必需的，return 后也可以没有返回值，甚至可以没有 return 这个关键字，这样函数会返回 None。有些函数可能既不需要传递参数，也没有返回值。

> **注意** 当函数没有参数时，也必须写上小括号"()"，小括号后必须有冒号。

完整的函数是由函数名、参数以及函数实现语句（函数体）组成的。在函数声明中，要使用缩进表示语句集属于函数体。如果函数有返回值，那么需要在函数中使用 return 语句。

根据前面的学习总结出定义 Python 函数的语法规则，具体说明如下。

- 使用关键字 def 定义函数，后接函数名（标识符）、小括号和冒号。
- 任何传入的参数和自变量都必须放在小括号里，在小括号里可以定义参数。
- 函数的第一行语句可以选择性地使用文档字符串——用于存放函数说明。
- 函数体以冒号表示开始，并且缩进。函数体内语句数量不限，但需要保持缩进一致，缩进结束就表示函数结束。
- "return<返回值>"语句表示结束函数，选择性地返回一个值给调用者。没有返回值的 return 语句就返回 None。如果有多个返回值，返回值之间以逗号相隔，相当于返回一个元组。

【案例 4-1】定义一个基本的输出信息函数 hello()。

```
def hello():                    #定义 hello()函数
    print("Hello World")        #这行属于 hello()函数内的语句
hello()                         #调用/使用/运行 hello()函数
```

上述代码定义了一个基本的 hello()函数，功能是输出文本"Hello World"，运行后输出的结果如图 4-1 所示。

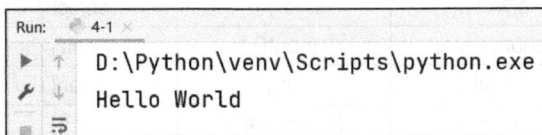

```
Run:    4-1 ×
 ▶  ↑   D:\Python\venv\Scripts\python.exe
 🔧  ↓   Hello World
 ■  ⇥
```

图 4-1 案例 4-1 的运行结果

由此可见，Python 的函数比较灵活，与 C 语言相比，在 Python 中定义函数时不需要定义函数的返回值类型，也不需要定义参数的类型。

3. 调用函数

调用函数就是使用、执行函数。在 Python 程序中，定义一个函数相当于给函数一个名称，指定函数包含的参数和代码块结构。在 Python 中，已定义的函数可以被另一个函数调用，也可以直接通过命令提示符执行。例如案例 4-1 中的前两行代码定义 hello()函数，最后一行代码执行 hello()函数。

本书前面已经多次用到了函数调用功能，例如使用输入函数 input()和输出函数 print()的过程就是调用 Python 内置函数 input()和 print()的过程。调用自定义函数与调用内置函数及标准库函数的方法是相同的，即在语句中使用该函数名，并且在函数名之后用小括号将传入的参数括起来，多个参数之间则用逗号隔开。调用自定义函数与调用内置函数的不同之处在于，在调用自定义函数前必须先声明，调用内置函数则不需要。内置函数是 Python 已经编写好的函数，开发者直接调用即可。

【案例 4-2】

```
# 定义函数
def printme(str):        #输出传入的字符串
    print(str)
    return
#调用函数
printme("第一次调用用户自定义函数!")
printme("再次调用同一函数")
```

上述代码定义了 printme()函数，其功能是输出传入的字符串。最后两行代码分别调用了一次该函数，这两次调用的传入参数不一样，运行后输出的结果如图 4-2 所示。

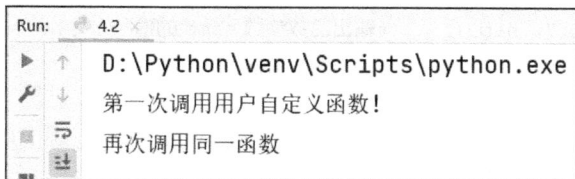

图 4-2　案例 4-2 的运行结果

4. 函数的参数

参数是函数中的重要组成元素。Python 中函数的参数有多种形式。在调用某个函数时，既可以向其传递参数，也可以不传递参数。函数间的数据传递包括以下两种方式。

- 数据从主调函数传递给被调函数。
- 数据从被调函数返回主调函数。

（1）形参与实参。

定义函数时，函数名后括号内的变量称为形式参数，简称形参。形参可以有多个，多个形参之间用逗号分隔。当一个函数被调用时，在被调用处给出的对应参数称为实际参数，简称实参。形参表示函数完成其工作所需的信息，而实参是调用函数时传递给函数的信息。

在调用函数时可以向函数传递的实参类型有必需参数、默认参数、关键字参数和可变长度参数。

（2）必需参数。

在 Python 中，必需参数也被称为位置参数，在调用函数时按照位置顺序传递给形参，参数的数量需要和声明时的一样。例如，在下面的代码中，调用 info()函数时必须传入与形参对应的实参，不然会出现语法错误。

【案例 4-3】 使用必需参数。

```
#定义 info()函数输出姓名与年龄
def info(name, age):
    print('姓名为: ', name)      #输出函数参数的值
    print('年龄为: ', age)
```

73

```
        return
info()                                           #调用 info() 函数
```

在上述代码中，因为调用 info() 函数时没有传入参数，所以执行时会出错。运行后输出的结果如图 4-3 所示。

```
Traceback (most recent call last):
  File "E:\project\pythonProject01\test.py", line 6, in <module>
    info()                          #调用info()函数
TypeError: info() missing 2 required positional arguments: 'name' and 'age'

Process finished with exit code 1
```

图 4-3　案例 4-3 的运行结果

（3）默认参数。

在 Python 中，为了简化函数的调用，可以使用赋值运算符 "=" 为函数的参数设置默认值。程序调用函数时，如果没有传入任何参数，则会使用默认参数（也被称为默认值参数）。例如，在下面的代码中，如果没有传入参数 age，则使用默认值。

【案例 4-4】

```
#定义 info() 函数，参数 age 的默认值是 60
def info(name, age=60):
    print("名字: ", name)        #输出函数参数 name 的值
    print("年龄: ", age)          #输出函数参数 age 的值
    return
#下面调用 info() 函数，设置参数 age 的值是 66，参数 name 的值是 "Guido van Rossum"
info(age=66, name="Guido van Rossum")
print("-------------------------------")
info(name="Python 之父, 吉多·范罗苏姆")  #仅设置参数 name 的值为 "Python 之父, 吉多·范罗苏姆"
```

在上述代码中，最后一行代码调用 info() 函数时没有指定参数 age 的值，执行后就会使用其默认值。程序运行后输出的结果如图 4-4 所示。

```
名字: Guido van Rossum
年龄: 66
-------------------------------
名字: Python之父, 吉多·范罗苏姆
年龄: 60


Process finished with exit code 0
```

图 4-4　案例 4-4 的运行结果

> **注意**　在声明函数时，其参数列表中如果既包含无默认值的参数，又包含有默认值的参数，那么必须先声明无默认值的参数，后声明有默认值的参数。

（4）关键字参数。

参数较多的情况下，使用必需参数会降低函数可读性。Python 中可以通过 "键=值" 的形式按名称指定参数值。在调用函数时，可使用关键字参数确定传入的参数值。在使用关键字参数时，允许函数调用参数的顺序与声明时不一致，Python 解释器会用参数名匹配参数值。

【案例4-5】使用关键字参数。

```
#定义 info()函数
def info(name, age):
    print("名字: ", name)        #输出函数参数 name 的值
    print("年龄: ", age)         #输出函数参数 age 的值
    return
info(name = "Guido", age = 18)
info(age = 18, name = "Guido")
```

在上述代码中，info()函数的两个参数 name 与 age 的顺序在两次调用的过程中进行了调换，参数的值并未改变。运行后输出的结果如图 4-5 所示。

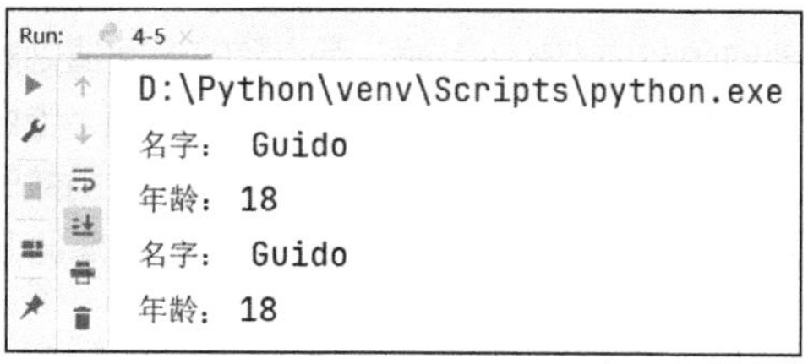

图 4-5　案例 4-5 的运行结果

（5）可变长度参数。

有时在 Python 程序中，函数在调用时需要处理更多的参数，这些参数就是可变长度参数。可变长度参数也被称为不定长参数。和前文介绍的参数类型不同，在声明可变长度参数时，不用为每一个参数命名，基本语法格式如下。

```
def functionname([formal_args,] *var_args_tuple ):
    "函数_文档字符串"
    function_suite
    return [expression]
```

在上述格式中，添加了星号"*"的参数会保存所有未命名的参数。函数在被调用时可变长度参数会被当作元组来进行处理，若没有指定参数，它就是一个空元组。由此可见，在自定义函数时，如果参数名前加上一个星号"*"，则表示该参数就是一个可变长度参数。在调用该函数时，依次传入必需参数之后，剩下的参数将会被收集在一个元组中，元组的名称就是前面带"*"的参数名。同理，如果自定义函数的参数名前添加了"**"，在调用函数时可变长度参数会被当作字典来进行处理，传入必需参数之后，剩下的参数将会被收集在一个字典中，字典的名称就是前面带"**"的参数名。

【案例4-6】使用可变长度参数。

```
def funa(*x):                     #定义 funa()函数
    print(x)                      #输出 funa()函数中的参数
    print(x[2])                   #输出 funa()函数中的第三个参数
def funb(**y):                    #定义 funb()函数
    print(y)                      #输出 funb()函数中的参数
    print(y['b'])                 #输出 funb()函数中的第二个参数
funa(1,2,3,4)                     #调用 funa()函数
funb(a = 1, b = 2, c = 3)         #调用 funb()函数
```

本例运行后输出的结果如图 4-6 所示。

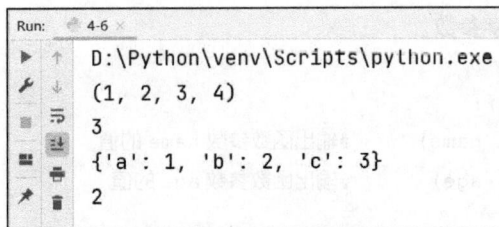

图 4-6　案例 4-6 的运行结果

5. 函数返回值

函数返回的值被称为返回值。在 Python 程序中，被调函数可以使用 return 语句将值返回给主调函数，执行完 return 语句后程序返回主调函数。调用函数时的参数传递实现了函数外部向函数内部输入数据，而函数的返回值则解决了函数向外部输出信息的问题。函数可以有返回值，也可以没有返回值。当函数只用一个变量接收返回值时，函数返回的多个值将构成一个元组。如果函数的定义中没有 return 语句，系统自动插入 return None 语句，返回一个特殊值 None。

函数返回值

（1）返回简单值。

【案例 4-7】判断一个数是否为素数。

```
def fun(n):
    for i in range(2,n):
        if(n % i == 0):
            return 0
        return 1
m = int(input("请输入一个整数: "))
flag = fun(m)
if(flag == 1):
    print("%d 是素数" % m)
else:
    print("%d 不是素数" % m)
```

在上述代码中，fun()函数根据形参值是否为素数决定返回值，函数体最后将判断结果用 return 语句返回给主调函数。运行后输出的结果如图 4-7 所示。

图 4-7　案例 4-7 的运行结果

（2）返回 None。

None 是一个特殊的值，数据类型是 NoneType。

* 当函数中有 return 语句，但 return 后面没有表达式时，返回 None。
* 当函数中没有使用 return 语句时，默认返回 None。
* 当判断 None 与其他任何类型的值是否相等时，返回 False。

【案例 4-8】

```
def fun():
    print('hello')
    return
```

```
def fun2(a,b):
    print(a + b)
print(type(fun()))
fun()
f = fun2(2, 8)
r = f is None
print(r)
```

运行程序，结果如图 4-8 所示。

```
hello
<class 'NoneType'>
hello
10
True

Process finished with exit code 0
```

图 4-8　案例 4-8 的运行结果

4.2.2　变量作用域

变量的作用域是指变量的作用范围，它决定哪一部分程序可以访问特定的变量，也就是说这个变量在什么范围内起作用。

1. 变量的 4 种作用域

Python 中有以下 4 种作用域。

* 局部作用域：定义函数内部的变量拥有一个局部作用域，表示变量只能在被声明的函数内部访问。

变量作用域

* 嵌套作用域：一般是指一个函数嵌套另一个函数的情况，外层函数的变量的作用范围称为嵌套作用域。

* 全局作用域：能作用于函数内外的变量，既可以在各函数的外部使用，也可以在各函数的内部使用。

* 内置作用域：Python 预先定义的作用域。

Python 每次执行函数时，都会为其创建一个新的命名空间，这个新的命名空间就是局部作用域。如果同一个函数在不同的时间运行，那么其作用域是独立的；如果不同的函数使用名称相同的参数，那么其作用域也是独立的。在函数内已经使用的变量名在函数外依然可以使用，并且在程序运行的过程中，它们对应的变量的值不会相互影响。

【案例 4-9】使用互不影响的同名变量。

```
def fun():                    #定义 fun() 函数
    a = 1                     #声明变量 a，初始值为 1
    a += 5                    #变量 a 的值加 5
    print('我是函数内部的变量 a:', a)
a = '我是外部的变量 a'          #给函数外部的变量 a 赋值
print('全局变量 a:',    a)     #输出函数外部变量 a 的值
fun()                         #输出函数内部变量 a 的值
print('全局变量 a:', a)        #再次输出函数外部变量 a 的值
```

上述代码在函数中声明了变量 a，其类型为整型。在函数外部声明了同名变量 a，其类型为字

符串类型。在调用函数前后，函数外部声明的变量 a 的值不变。在函数内可以对变量 a 的值进行任意操作，它们互不影响。程序运行后输出的结果如图 4-9 所示。

图 4-9　案例 4-9 的运行结果

2. global 和 nonlocal 关键字

（1）global 关键字。

在 Python 中定义函数时，函数内部无法对函数外部的全局变量进行操作，若想在函数内部对函数外的变量进行操作，就需要在函数内部将其声明为全局变量。

global 关键字

【案例 4-10】通过 global 关键字在函数内部使用全局变量。

```python
a ='我是外部的全局变量'        #在函数外声明一个全局变量 a 并赋值为字符串 "我是外部的全局变量"
def fun():                    #定义 fun() 函数
    global a                  #使用关键字 global
    a = 1                     #全局变量 a，初始值为 1
    a += 5                    #全局变量 a 的值加 5
    print('我是函数内的变量 a:', a)

print('全局变量 a:', a)        #输出调用函数前变量 a 的值
fun()                         #输出函数内变量 a 的值
print('重新赋值后的全局变量 a:', a)   #输出变量 a 的值，此时变量 a 的值由字符串 "我是外部的
全局变量" 变为 "6"
```

在上述代码中，通过代码 global a 将函数内使用的变量 a 变为全局变量。在函数中改变了全局变量 a 的值，即由字符串 "我是外部的全局变量" 变为整数 "6"。运行后输出的结果如图 4-10 所示。

图 4-10　案例 4-10 的运行结果

（2）nonlocal 关键字。

在嵌套的函数中，可以使用 nonlocal 关键字修改嵌套作用域中的变量。

nonlocal 关键字

【案例 4-11】通过 nonlocal 关键字在嵌套函数内部使用嵌套作用域中的变量。

```python
def fun():                    #定义 fun() 函数
    a = 1                     #外层函数变量 a，初始值为 1
    def funin():
        nonlocal a            #嵌套函数内部使用 nonlocal 关键字
```

```
        a = 66                      #内层函数赋值
    print('调用内层函数之前，变量a的值为：', a)
    funin()
    print('对变量a使用nonlocal关键字重新赋值后，变量a的值为：', a)
fun()
```

在程序运行过程中，变量 a 在外层函数中声明，内层函数无法改变变量 a 的值。在内层函数中，对变量 a 使用 nonlocal 关键字后，可以对变量 a 进行重新赋值。程序运行结果如图 4-11 所示。

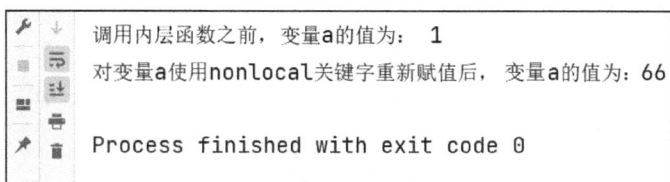

图 4-11　案例 4-11 的运行结果

4.2.3　自定义模块与包

函数最大的优点是可以将代码块与主程序分离。通过给函数指定描述性名称，可以让主程序更加容易理解，并且还可以将函数存储在被称为模块的独立文件中，再将模块导入主程序中。

1. 自定义模块

Python 模块是一个以.py 为扩展名的 Python 文件，包含 Python 对象定义和 Python 语句。使用 Python 模块能够有逻辑地组织代码块，可将相关的代码写在一个模块中，同时可以定义函数、类和变量。模块具有如下特点。

自定义模块 1　　自定义模块 2

* 以文件形式组织程序，方便管理。以多个文件存储程序，使得程序结构更加清晰。不仅可以将文件当作脚本执行，还可以将文件当作模块导入其他模块中，实现功能的复用。

* 模块复用可以提高开发效率。充分利用第三方库和模块可以提高开发效率，避免重复设计。

* 退出 Python 解释器后再次进入，之前定义的函数或变量都会丢失，将程序写入文件后可以永久保存，需要时即可执行。

（1）创建.py 文件。

在 Python 中，用户可创建.py 文件，文件名就是模块名，创建之后即可将.py 文件作为模块导入。自定义模块由函数和对象组成，也可包含可执行的代码。

（2）运行 Python 脚本。

将一整段 Python 程序保存在.py 文件中，这个文件就是 Python 脚本。打开命令提示符窗口，如果要运行的 Python 脚本在当前目录下，即可使用"python 文件名.py"命令运行脚本；如果运行的 Python 脚本不在当前目录下，需将脚本复制到当前目录下，或者在脚本前添加脚本的具体路径再执行。

（3）导入模块。

使用 import 语句可以在当前运行的程序文件中导入模块。将函数存储在独立的文件中的开发方式有很多好处。好处之一是可以隐藏程序代码的细节，使开发者能够将重点放在程序的高层逻辑的编写上。好处之二是可以在众多不同的程序中重复使用同一个函数。将函数存储在独立文件中后，可以与其他程序员共享这些文件。学会导入函数的方法后，还可以使用其他程序员编写的函数，其中最常见的就是调用 Python 提供的内置函数。

① 创建并导入模块。

在 Python 中，要想让函数可导入，需要先创建一个模块。模块是.py 格式的文件，里面包含要导入程序中的代码。在 Python 程序中，使用 import 语句可以导入名为 module_name.py 的模块，语法格式如下。

```
import module_name
```

下面的案例中创建了一个包含 make()函数的模块文件 order.py，然后在另外一个独立文件 4-12.py 中调用文件 order.py 中的 make()函数，这一过程调用了整个 order.py 文件。

【案例 4-12】创建并导入订餐模块。

```
def make(people, *dishes):        #定义 make()函数
    print("\n用餐人数为: " + str(people) + "人，订餐的菜品有: ")    #输出用餐的人数
    for dish in dishes:            #遍历菜单参数 dishes 中的值
        print("-" + dish)        #输出遍历到的菜品
def datetime(date,time):
    print("\n预定用餐时间: " + str(date) +"日"+ str(time) + "时")
```

案例文件 4-12.py 的功能是使用 import 语句调用外部模块文件 order.py，然后使用其中的make()函数实现订餐的功能，具体实现代码如下所示。

```
import order
order.make(4, '剁椒鱼头', '宫保鸡丁', '拌黄瓜', '麻婆豆腐')
order.make(6, '水煮鱼', '白灼虾', '红烧茄子', '蒜香鸡翅', '杭椒牛柳', '西芹百合')
order.datetime(26,19)
```

当程序运行到文件 4-12.py 中的第 1 行代码 import order 时，会打开文件 order.py，并将其中的所有函数都复制到这个程序中，开发者看不到复制的代码。这样，在文件 4-12.py 中就可以使用文件 order.py 中定义的所有函数。在第 2 行、第 3 行、第 4 行代码中使用了被导入模块中的函数，在使用时指定导入的模块名称 order 和函数名 make 与 datetime 并用点号分隔它们。运行后输出的结果如图 4-12 所示。

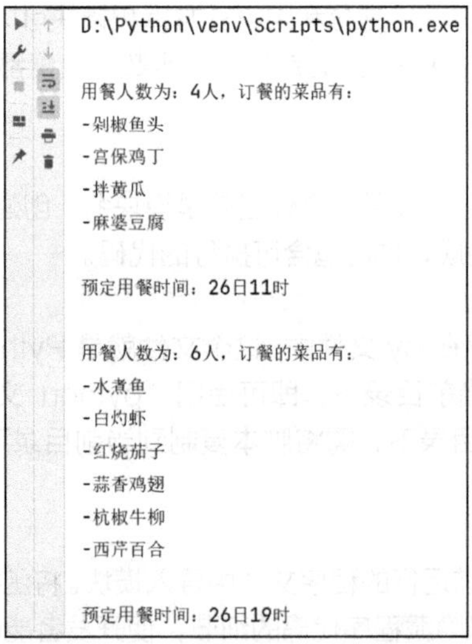

图 4-12　案例 4-12 的运行结果

② 只导入指定的函数。

在 Python 程序中，还可以根据项目的要求只导入模块文件中的特定函数，这种导入方法的语

法格式如下。

```
from module_name import function_name
```

如果需要从一个文件中导入多个指定的函数，函数之间可以使用逗号隔开。具体语法格式如下。

```
from module_name import function_name(), function_namel, function_name2
```

【案例 4-13】
模块文件代码与案例 4-12 相同。

```
def make(people, *dishes):        #定义make()函数
    print("\n用餐人数为: " + str(people) + "人, 订餐的菜品有: ")      #输出用餐的人数
    for dish in dishes:          #遍历菜单参数dishes中的值
        print("-" + dish)        #输出遍历到的菜品
def datetime(date,time):
    print("\n预定用餐时间: " + str(date) +"日"+ str(time) + "时")
```

修改导入模块部分的代码，指定导入外部模块文件中的 make()函数，具体代码如下。

```
from order import make
make(4, '剁椒鱼头', '宫保鸡丁', '拌黄瓜', '麻婆豆腐')
```

上述代码只导入了文件 order.py 中的 make()函数，其他函数无法调用。运行后输出的结果如图 4-13 所示。

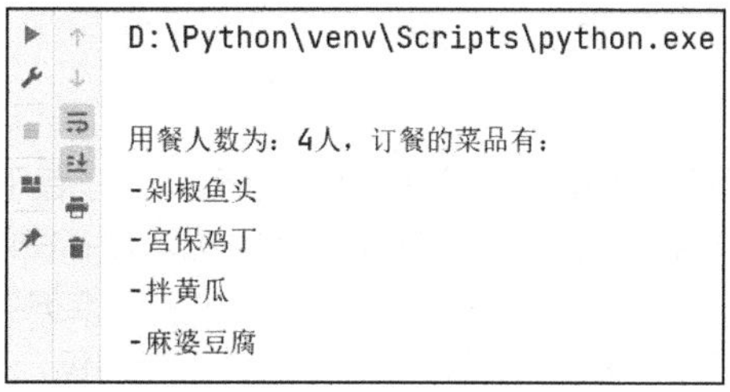

图 4-13　案例 4-13 的运行结果

修改文件 4-13.py 中的代码，如下所示，使用未导入的 datetime()函数，程序会报错，如图 4-14 所示。

```
from order import make
make(4, '剁椒鱼头', '宫保鸡丁', '拌黄瓜', '麻婆豆腐')
datetime(10,12)
```

运行后结果如图 4-14 所示。

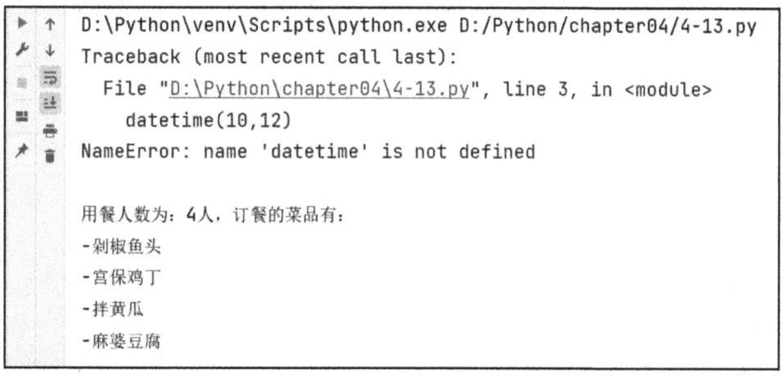

图 4-14　案例 4-13 的错误效果

③ 使用 as 指定函数别名。

在 Python 程序中，如果从外部模块文件导入的函数的名称与程序中现有函数的名称发生冲突，

或者函数的名称太长，可以使用关键字 as 为其指定简短的别名。

【**案例 4-14**】使用关键字 as 指定函数别名。

将文件 order.py 作为外部模块文件，其中包含功能函数 datetime()。案例 4-14 中的文件 4-14.py 的功能是导入文件 order.py 中的 datetime()函数，在导入时为 datetime()函数设置别名"dd"。具体实现代码如下所示。

```
#导入文件 order.py 中的 datetime()函数，并为 datetime()函数设置别名"dd"
from order import datetime as dd
dd(10, 12)    #相当于调用 datetime()函数
dd(15, 18)    #相当于调用 datetime()函数
```

上述代码将 datetime()函数的别名设置为了"dd"，每当调用 datetime()函数时，都可将其简写成 dd()，Python 会运行 datetime()函数中的代码，这样可以避免与主程序中可能包含的 datetime()函数混淆。运行后输出的结果如图 4-15 所示。

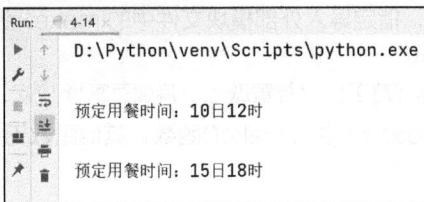

图 4-15　案例 4-14 的运行结果

2. 包

包是一个分层次的文件目录结构，是一个由模块和子包以及子包下的子包等组成的 Python 应用环境。简单地讲，包就是文件夹，是一种管理 Python 模块命名空间的形式。较大型的 Python 开发项目需要创建许多模块，可以将这些模块组成包，使之便于维护与应用。如果文件夹中包含一个特殊文件__init__.py，则 Python 解释器就会将该文件夹作为包，模块文件（.py 文件）属于包中的模块。特殊文件__init__.py 可以为空，也可以包含属于包的代码，当导入包或者该包中的模块时，执行特殊文件__init__.py。

与文件夹和文件类似，可将包和模块组成层次结构。包的创建过程如下。

（1）在指定的目录中创建与包名对应的目录。

（2）在该包目录下创建一个文件__init__.py。

（3）在该包目录下创建其他文件或子包。

```
#创建包目录结构:
/package
__init__.py
/subpackage1
module1.py
module2.py
module3.py
    /subpackage2
        init__.py
        module4.py
        module5.py
```

其中，package 是顶层包，它包含两个子包 subpackage1 与 subpackage2。子包 subpackage1 包含 module1.py、module2.py 和 module3.py 这 3 个模块，子包 subpackage2 包含 module4.py 和 module5.py 两个模块。

Python 中的包可以包含包，并无层次限制，可组成多层次的包结构。引入包后，只要顶层包名不冲突，模块就不会发生冲突。

> **注意** 每个包目录下都有一个文件 __init__.py，若无此文件，Python 解释器会将其视为普通目录。__init__.py 可以是空文件，也可以包含 Python 代码。

4.3 任务实施

函数是软件开发中的基本构建块之一，合理地使用函数可以提高代码的可维护性、可复用性和可测试性，从而提高开发效率和代码质量。

在大型软件项目中，函数可以用于模块化开发，即将大型项目分解成多个模块，每个模块包含若干函数。这样便于团队成员分工合作，同时也便于代码的管理和维护。同时，函数也可以用于封装可重用的代码片段、错误处理逻辑、算法，从而使代码更加健壮，减少程序崩溃的可能性，以便代码的复用和维护。

本节使用 Python 的函数来封装相关算法模块，模拟探月工程函数与功能的开发。

4.3.1 任务一：探月工程倒计时函数的开发

火箭发射时使用倒计时，目的是确认火箭发射的时间零点。

这里封装一个 countdown()函数，其参数为一个字符串 actionName，目的是将不同阶段的倒计时名称传入函数内部，通过一个 while 循环进行反向循环。

其中，使用了 Python 内置的 sleep()函数。sleep()函数用于推迟被调用线程的运行，可通过参数指定秒数，表示进程挂起的时间。其语法格式如下。

```
time.sleep(sec)
```

参数 sec 即要推迟执行的秒数。本任务中，倒计时间隔 1s，因此 sec 参数值为 1。

【案例 4-15】根据项目需求编写 countdown()函数，实现倒计时函数的封装。

```
import time
#倒计时模块
def countdown(actionName):
    i=10
    while i>0:
        print(actionName,'倒计时：',i)
        time.sleep(1)
        i-=1
countdown('发射')
```

测试代码，假设用户调用函数时传入参数值"发射"，结果如图 4-16 所示。

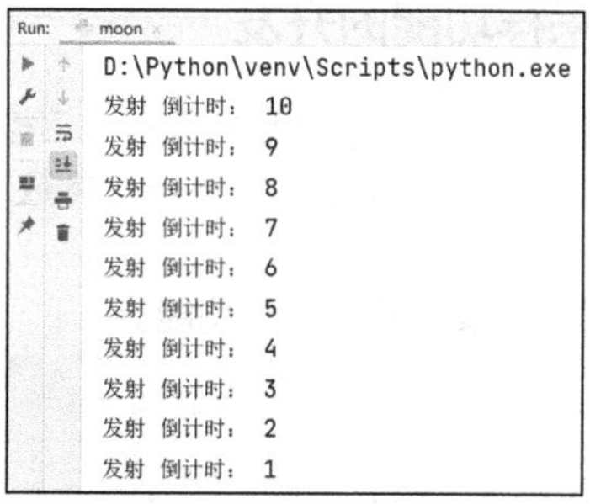

图 4-16 倒计时函数的运行结果

4.3.2 任务二：火箭发射功能的开发

火箭发射功能调用了任务一封装的倒计时函数 countdown()。为了形象地表现探月过程，这里使用第三方库 emoji 来辅助输出 emoji 表情符号。

emoji 是一种世界通用的计算机表情符号，2014 年统一码联盟宣布了 7.0 版本的统一码标准，该版本包括大约 250 个新的 emoji 表情符号。目前，全球约有 90%的在线用户频繁使用 emoji 表情符号，每天有约 60 亿个 emoji 表情符号被传送。

首先，在控制台输入如下代码，安装 emoji 库。

```
pip install emoji
```

【案例 4-16】上述代码的运行结果如图 4-17 所示。

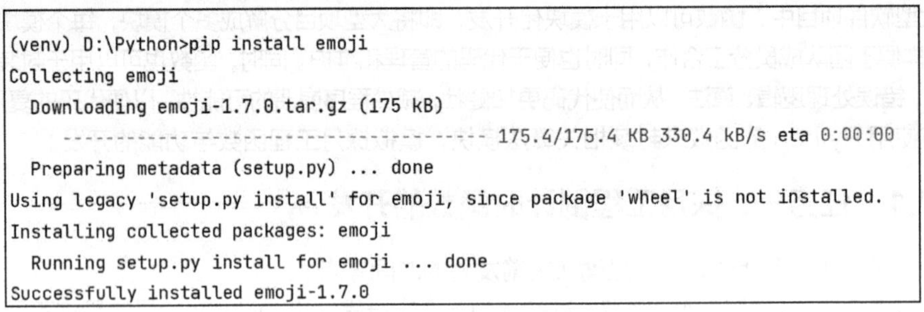

```
(venv) D:\Python>pip install emoji
Collecting emoji
  Downloading emoji-1.7.0.tar.gz (175 kB)
     ---------------------------------------- 175.4/175.4 KB 330.4 kB/s eta 0:00:00
  Preparing metadata (setup.py) ... done
Using legacy 'setup.py install' for emoji, since package 'wheel' is not installed.
Installing collected packages: emoji
  Running setup.py install for emoji ... done
Successfully installed emoji-1.7.0
```

图 4-17　安装 emoji 库

在项目中通过 import 导入 emoji 库后即可调用它，示例如下。

```
print(emoji.emojize('I like Python :red_heart:'))
```

运行结果如图 4-18 所示。

图 4-18　使用 emoji 表情符号

根据项目需求编写 launching ()函数，实现火箭发射功能。

```
#火箭发射
def launching():
    countdown('发射')
    print('点火，发射……',emoji.emojize(':rocket:')*5)
```

4.3.3 任务三：月球采样功能的开发

本任务使用可变长度参数作为 sampling()函数的参数，这些参数用于存放从月球采集的各种样本的质量。在函数内部，使用 for 循环将取得的可变长度参数遍历输出，并将参数作为返回值，以字典类型返回。

【案例 4-17】根据项目需求分析并实现月球采样功能。

```
#月球采样
def sampling(**lunar):
    print('开始采集月球样本！',emoji.emojize(':crescent_moon:'))
```

```
countdown('月面样本采集')
for key in lunar.keys():
    print('成功采集到月球样本',key,lunar[key],'g')
print('无人采样结束，返航……',emoji.emojize(':satellite:'))
return lunar
```

4.3.4　任务四：探月返航功能的开发

本任务使用字典作为 sampling()函数的参数，将从月球采集的各种样本的质量传入函数内部。在函数内部，使用 for 循环将取得的字典内容遍历输出。

【案例 4-18】根据项目需求分析，探月返航模块代码如下。

```
#探月返航
def landing(lunar):
    print('已抵达地球附近，准备着陆！')
    countdown('着陆')
    print('着陆……')
    sum = 0
    for key in lunar.keys():
        print('本次探月任务成功采集到',key,'样本',lunar[key],'g')
        sum += lunar[key]
    print('本次探月共采集到月面样本',sum,'g,任务圆满完成！',emoji.emojize(':red_heart:'))
```

火箭发射、月球采样、探月返航等函数封装完毕，最后将这些模块集成在一起，通过主程序调用，代码如下。

```
#主程序
launching()
chinaLunar = sampling(lunarSoil = 500,lunarRock = 1500)
landing(chinaLunar)
```

主函数运行后，任务二"火箭发射功能模块"的运行结果如图 4-19 所示，任务三"月球采样功能模块"的运行结果如图 4-20 所示，任务四"探月返航功能模块"的运行结果如图 4-21 所示。

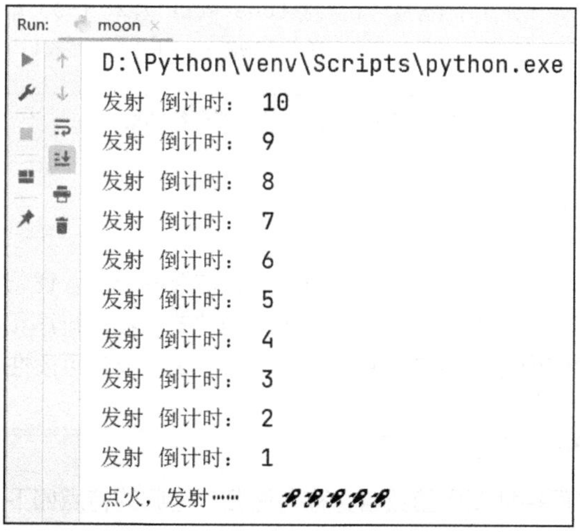

图 4-19　火箭发射功能的运行结果

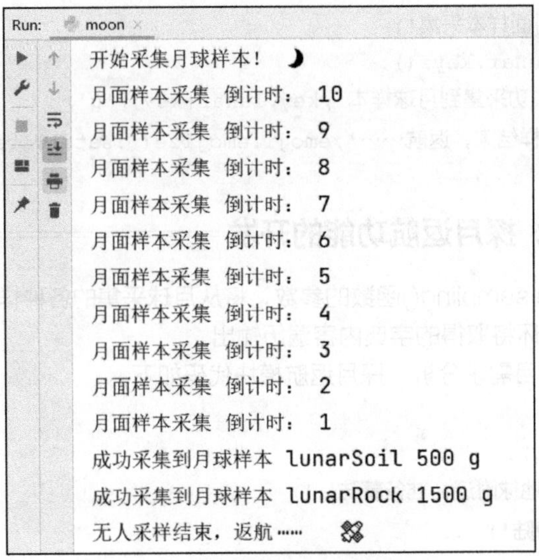

图 4-20　月球采样功能运行结果

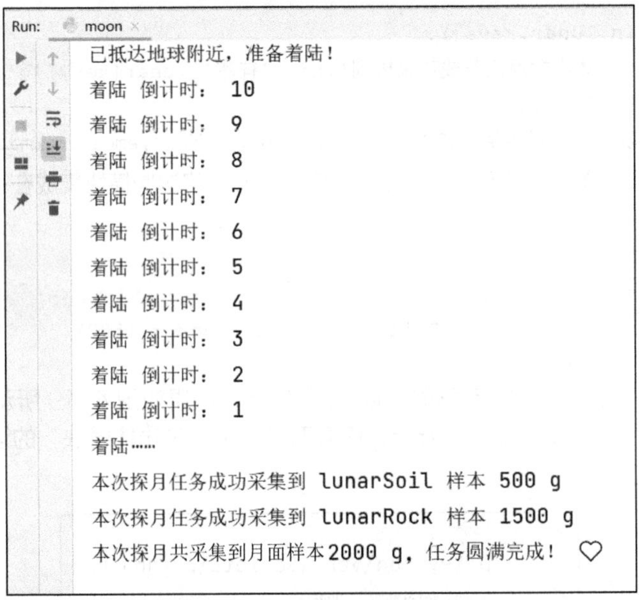

图 4-21　探月返航功能运行结果

4.4　拓展创新

　　递归函数和匿名函数在实际的软件项目开发中起着重要的应用。递归函数常用于处理树形数据结构、分治算法、数学问题等，而匿名函数则常用于函数式编程、排序和过滤、事件处理等场景。在适当的情况下，合理地使用递归函数和匿名函数可以提高代码的可读性和可维护性。

4.4.1　递归函数

　　在一个函数中直接或间接地调用函数自身称为递归。递归的特点如下。

- 递归就是在过程或函数里调用自身。

- 必须有一个明确的递归结束条件，即递归出口。

阶乘由于简单、清晰，常被用作递归的典型示例。

$$n! = 1 \times 2 \times 3 \times … \times n$$

阶乘使用递归方式定义如下。

$$n! = (n-1)! \times n$$

其中，$n>=1$，并且 $0!=1$。

除了阶乘，很多算法（如斐波那契数列、汉诺塔等）都可以使用递归来处理。

【案例 4-19】使用递归。

```
def factorial(n):                       #定义 factorial(n)函数
    if n == 1:
        return 1
    else:
        return n * factorial(n - 1)    #递归调用


print(factorial(1))
print(factorial(6))
print(factorial(10))
```

为了明确递归步骤，对 6!进行过程分解。

```
factorial(6)                   #第 1 次调用使用 6
6*factorial(5)                 #第 2 次调用使用 5
6*5*factorial(4)               #第 3 次调用使用 4
6*5*(4*factorial(3))           #第 4 次调用使用 3
6*5*(4*(3*factorial(2)))       #第 5 次调用使用 2
6*5*(4*(3*(2*factorial(1))))   #第 6 次调用使用 1
6*5*(4*(3*(2*1)))              #从第 6 次调用返回
6*5*(4*(3*2))                  #从第 5 次调用返回
6*5*(4*6)                      #从第 4 次调用返回
6*(5*24)                       #从第 3 次调用返回
6*120                          #从第 2 次调用返回
720                            #从第 1 次调用返回
```

运行结果如图 4-22 所示。

图 4-22　案例 4-19 的运行结果

阶乘的迭代实现代码如下。

```
def factorial(n):
    result = 1
    for i in range(2, n+1):
        result *= i
    return result
```

递归的优点如下。

- 递归可使代码看起来更加整洁、优雅。
- 递归可以将复杂问题分解成简单的子问题。
- 使用递归比使用嵌套迭代更容易。

递归的缺点如下。

- 递归的代码比较难调试、跟进。
- 递归调用的效率低，会占用大量的内存和时间。

4.4.2 匿名函数

可以使用关键字 lambda 来创建匿名函数。所谓匿名，是指不使用关键字 def 来定义函数。匿名函数可以赋值给变量进行调用，这是 Python 中一种特殊的声明函数的方式。

匿名函数能接收任何数量（可以是 0 个）的参数，但只能返回一个表达式的值。匿名函数是一个函数对象，如果直接赋值给一个变量，这个变量就成了一个函数对象。匿名函数的语法格式如下。

```
lambda [参数 1 [,参数 2,...参数 n]]:表达式
```

其中的参数相当于声明函数时的参数，表达式为函数要返回值的表达式，表达式中不能包含其他语句。匿名函数主体是一个表达式，并不是代码块，仅能在表达式中封装有限的逻辑代码。匿名函数拥有自己的命名空间，且不能访问自有参数列表之外或全局命名空间里的参数。返回元组时要使用括号，在表达式中可以调用其他函数。

适用匿名函数的情况如下。

（1）当需要将函数对象作为参数来传递时，可以直接定义匿名函数（作为函数的参数或返回值）。

（2）当需要一个抽象、简单的功能，又不想单独定义一个函数的时候，可以使用匿名函数。

（3）使用匿名函数时代码显得清晰、易懂。比如某个函数需要一个可重复使用的表达式，此时就可以使用关键字 lambda 来定义一个匿名函数。当发生多次调用时，就可以减少代码的编写量，使代码的条理变得更加清晰。

例如，定义一个简单的普通函数可以使用如下代码。

```
def add(a, b):
return a + b
```

将其改为匿名函数的形式，代码如下。

```
new_add = lambda a, b: a + b
```

匿名函数可与内置函数结合使用，案例如下。

【案例 4-20】匿名函数结合内置函数使用。

```
#定义一个列表并赋值
list1 = [{"a": 5, "b": 10}, {"a": 10, "b": 8}, {"a": 26, "b": 9}, {"a": 8, "b": 15}, {"a": 20, "b": 20}]
#判断哪个元素中的 a 最大
max_value = max(list1, key=lambda x: x["a"])
print(max_value)

#使用普通函数的方式完成
def func(dd):
    return dd["a"]

max_value = max(list1, key=func)   #此处未加(),否则表示调用
print(max_value)
```

在本例中，匿名函数结合内置函数 max() 返回列表中 a 最大的元素。运行结果如图 4-23 所示。

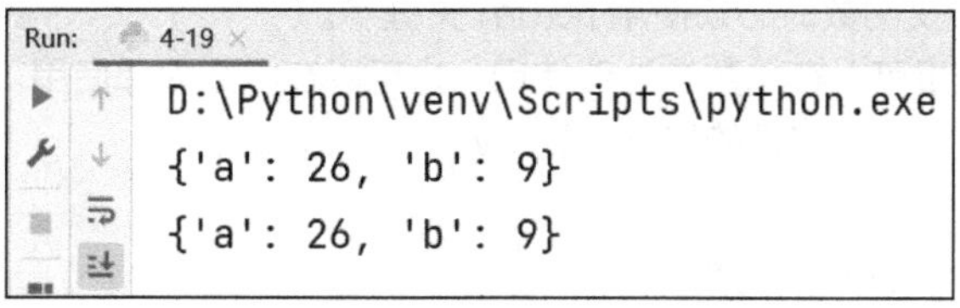

图 4-23　案例 4-20 的运行结果

4.5　项目小结

在程序设计中通常会广泛使用函数。本项目主要介绍了定义函数的基本语法、函数参数、返回值、变量作用域以及特殊函数等。自定义函数：由关键字 def 开头，接下来是函数名、参数列表、冒号和函数体。其中参数列表是可选的。函数通过 return 语句将程序的控制权返回给主调函数，可以有返回值，也可以无返回值。内置函数不需要定义即可调用，自定义函数需要先定义再调用。函数参数有多种形式，包括必需参数、关键字参数、默认参数、可变长度参数等。本项目还讲解了自定义模块与包，最后对匿名函数和递归函数做了相应介绍。

【素质拓展】探月精神：追逐梦想、勇于探索、协同攻坚、合作共赢

2020 年 12 月 17 日，嫦娥五号返回器携带月球土壤样品在预定区域安全着陆，探月工程嫦娥五号任务取得圆满成功。这是 21 世纪人类首次执行月球采样返回任务，标志着中国航天向前迈出一大步。

牧星耕宇的追梦人，数十年如一日，从大山深处到大海之滨，一路追随、永不言弃；从翩翩少年到白发院士，他们矢志奋斗、不胜不休……参与探月工程研制建设的全体人员大力弘扬追逐梦想、勇于探索、协同攻坚、合作共赢的探月精神，不断攀登新的科技高峰。我国还积极开展有关国际交流与合作，分享航天发展成果，中外科学家共同搭建探索宇宙奥秘的平台。

"心至苍穹外，目尽星河远。"探月工程的每一个大胆设想、每一次成功实施，无不凝聚着科研人员的艰辛付出，无不闪耀着勇往直前的精神光芒。追逐梦想、勇于探索、协同攻坚、合作共赢——以探月精神不懈奋斗，一步一个脚印，一棒接着一棒，我们必将在奋力奔跑中迈向更加壮丽的星辰大海！

【课后任务】

一、填空题

1. Python 解释器自带的函数叫作_____。
2. 在 Python 中，使用关键字_____定义函数。
3. 在 Python 中，函数可以使用_____语句将值返回给主调函数。
4. _____变量可以在函数内部对函数外的变量进行操作。
5. 使用_____语句可以在当前运行的程序文件中使用模块中的代码。

二、判断题

1. 使用 Python 的内置函数时，需要先导入模块。（　　　）

2. 在 Python 中定义函数时可以省略小括号。（　　）

3. 在 Python 中定义函数时必须使用 return 关键字。（　　）

4. Python 全局变量可以在函数的外部使用，也可以在函数内部使用。（　　）

5. Python 的自定义模块文件的扩展名是.py。（　　）

三、选择题

1. 下列引入数学库方法错误的是（　　）。

    A. import math   B. from math import 函数名

    C. from math import *   D. import 函数名 from math

2. 下面关于全局变量和局部变量说法错误的是（　　）。

    A. 定义在函数内部的变量拥有一个局部作用域，定义在函数外的拥有全局作用域

    B. 局部变量只能在其被声明的函数内部访问，全局变量可以在整个程序范围内访问

    C. 调用函数时，在指定函数内声明的变量都将被加入作用域中

    D. 变量的作用域决定了哪一部分程序可以访问哪个特定的变量

3. 下列关键字中，用来导入模块的是（　　）。

    A. import   B. include   C. from   D. continue

4. 在 Python 中，关于函数定义说法错误的是（　　）。

    A. 函数的命名规则要符合 Python 的命名要求，一般用小写字母、下画线、数字等的组合

    B. 括号后面的冒号可以不加

    C. def 是定义函数的关键字，这个简写来自英文单词 define

    D. 函数名后面是小括号，可以有参数列表，也可以没有参数

5. 如果函数中 return 语句不带任何返回值，那么该函数的返回值为（　　）。

    A. NULL   B. 空字符串   C. None   D. 无返回值

项目5
Python数据结构的应用
——"智慧旅游网络
预约系统"设计

05

项目描述

随着"智慧旅游"的逐步发展，很多旅游景点已经实现了景区门票的网上预约。通过网络预约景区门票，可以方便广大人民群众进行购票，防止景区出现售票窗口排长队、游客体验感差、负面评价增加等状况。已进行门票预约的游客可以输入身份证号码查看自己的门票预约结果，不用再去景点售票处领取纸质门票。

本项目使用Python数据结构和JSON格式文件设计一套景区门票预约结果的存储和查询系统，实现门票预约结果查询系统的最基本功能。通过本项目，读者可以了解数据结构在现代软件开发中的重要作用，以及常见Python数据结构的应用场景。

5.1 任务导入

在Python程序中，可以使用数据结构保存需要的数据信息。Python内置了多种数据结构，例如列表、元组、字典和集合等。

知识目标
① 了解列表。
② 了解元组。
③ 了解字典。
④ 了解集合。
⑤ 了解字符串。

能力目标
① 掌握列表及其操作。
② 掌握元组及其操作。
③ 掌握字典及其操作。
④ 掌握字符串及其操作。
⑤ 掌握数据类型的转换方法。

学习任务
任务一：门票预约结果数据导入功能的开发。
任务二：查询门票预约结果功能的开发。
任务三：根据条件查询预约结果功能的开发。

5.2 相关知识

Python 定义了可以表示混合数据的组合数据类型，可将多个相同或不同类型的数据组织成一个整体。使用组合数据类型定义和记录数据能使数据表示更为清晰，同时简化开发人员的工作，提升开发效率。

5.2.1 列表

列表是 Python 中基本的数据结构，和其他编程语言（C 语言、C++、Java）中的数组类似。列表中的每个元素都被分配一个 ID，这个 ID 表示对应元素的位置或索引，第一个索引是 0，第二个索引是 1，依此类推。

在 Python 中使用中括号"[]"来表示列表，并用英文逗号分隔其中的元素。例如下面的代码就创建了一个简单的列表。

【案例 5-1】

```
language =['java','python','pascal','c++']  #创建一个名为 language 的列表
print (language) #输出列表 language 中的信息
```

上述代码创建了一个名为 language 的列表，列表中存储了 4 个元素。运行后会将列表输出，结果如图 5-1 所示。

```
Run:  5-1
  ↑    D:\Python\venv\Scripts\python.exe D:/
  ↓    ['java', 'python', 'pascal', 'c++']
```

图 5-1 案例 5-1 的运行结果

1. 创建数字列表

可以使用 range()函数创建数字列表。例如在下面的代码中，使用 range()函数创建一个包含 3 个数字的列表。

【案例 5-2】

```
numbers = list(range(1,4))               #使用 range()函数创建列表
print(numbers)
```

在上述代码中，一定要注意 range()函数的结尾参数是 4，才能创建 3 个元素。运行后输出的结果如图 5-2 所示。

```
Run:  5-2
  ↑    D:\Python\venv\Scripts\python.exe
  ↓    [1, 2, 3]
```

图 5-2 案例 5-2 的运行结果

2. 访问列表中的元素

因为列表是一个有序集合，所以要想访问列表中的任何元素，只需知道该元素的位置或索引。在访问列表中的元素时，可以先指出列表的名称，再指出元素的索引，并将其放在方括号内。例如，下面的代码可以从列表 language 中提取第 1 种语言。

【案例 5-3】

```
language =['java','python','pascal','c++']
print(language[0])
```

当发出获取列表中某个元素的请求时，Python 只返回该元素，而不返回方括号和引号，上述代码运行后输出的结果如图 5-3 所示。

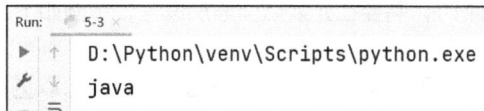

图 5-3 案例 5-3 的运行结果

还可以通过 title() 方法获取列表中的任何元素，例如获取元素"java"的代码如下所示。

【案例 5-4】

```
language = ['java','python','pascal','c++']
print(language[0].title())
```

上述代码运行后，输出结果与案例 5-3 相同，只是首字母变为大写，如图 5-4 所示。

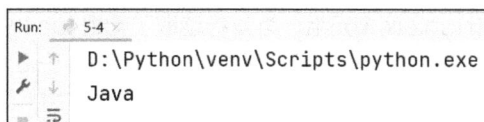

图 5-4 案例 5-4 的运行结果

还可以通过序号（序号从 0 开始）来读取字符串中的某个字符，例如"abcde.[1]"取得的值是"b"。

【案例 5-5】 访问并显示列表中的元素。

```
list1 = ['mysql', 'sqlserver', 3306, 1433]    #定义第 1 个列表 list1
list2 = [1, 2, 3, 4, 5, 6, 7 ]                #定义第 2 个列表 list2
print("list1[0]: ", list1[0])                 #输出列表 list1 中的第 1 个元素
print("list2[1:5]: ", list2[1:5])             #输出列表 list2 中的第 2 个到第 5 个元素
```

上述代码中分别定义了两个列表 listl 和 list2，运行后输出的结果如图 5-5 所示。

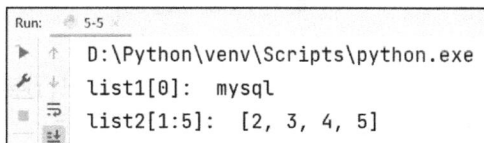

图 5-5 案例 5-5 的运行结果

第 1 个元素的索引为 0，而不是 1。大多数编程语言中的数组也是如此，这与列表操作的底层实现相关。

5.2.2 元组

元组是一种特殊的列表。与列表不同的是，元组内的元素不会发生改变，并且也不能添加和删除元素。当开发者需要创建一组不可改变的数据时，通常会把这些数据放到一个元组中。

1. 创建并访问元组

创建元组的基本形式是用小括号"()"将元素括起来，各元素之间用逗号"，"隔开。例如以下合法的元组。

```
language =('java','python','pascal','c++')
tup = (1, 2, 3, 4, 5 )
```

创建并访问元组

93

Python 允许创建空元组，例如下面的代码创建了一个空元组。

```
tup =();
```

当元组中只包含一个元素时，需要在元素后面添加逗号，示例如下。

```
tup = (100,)
```

元组与字符串、列表类似，下标索引也是从 0 开始，并且也可以进行截取和组合等操作。

【案例 5-6】

```
tup1= ('mysql', 'sqlserver', 3306, 1433)  #创建元组 tup1
tup2 = (1, 2, 3, 4, 5, 6, 7)              #创建元组 tup2
#显示元组 tup1 中索引为 0 的元素
print ("tup1 [0]: ", tup1[0])
#显示元组 tup2 中索引从 1 到 4 的元素
print ("tup2[1:5]: ", tup2[1:5])
```

上述代码定义了 tup1 和 tup2 两个元组，第 4 行读取了元组 tup1 中索引为 0 的元素，第 6 行读取了元组 tup2 中索引从 1 到 4 的元素。运行后输出的结果如图 5-6 所示。

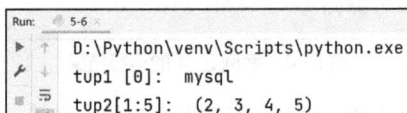

图 5-6　案例 5-6 的运行结果

2. 修改元组

元组一旦创立是不可被修改的。但是在现实程序应用中，可以对元组进行连接组合。

【案例 5-7】

```
tup1 = (11, 22, 33)        #定义元组 tup1
tup2 = ('java','python')   #定义元组 tup2
tup3 = tup1 + tup2         #创建一个新的元组 tup3
print(tup3)                #输出元组 tup3 中的元素
```

上述代码定义了 tup1 和 tup2 两个元组，然后将这两个元组进行连接组合，将组合后的元素赋给新元组 tup3。运行后输出新元组 tup3 中的元素，如图 5-7 所示。

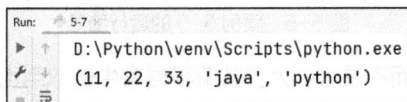

图 5-7　案例 5-7 的运行结果

3. 删除元组

虽然 Python 不允许删除元组中的元素，但是可以使用 del 语句来删除整个元组。

【案例 5-8】

```
#定义元组 tup
tup = ('mysql', 'sqlserver', 3306, 1433)
print(tup)                 #输出元组 tup 中的元素
del tup                    #删除元组 tup
#因为元组 tup 已经被删除，所以不能显示里面的元素
print(tup)                 #这行代码会报错
```

上述代码定义了一个元组 tup，然后使用 del 语句来删除整个元组。删除元组 tup 后，最后一行使用 print (tup)输出元组 tup 中的元素时会出现系统错误。运行后输出的结果如图 5-8 所示。

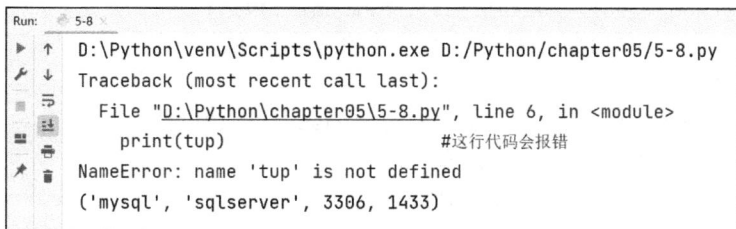

图 5-8　案例 5-8 的运行结果

4. 使用内置函数操作元组

在 Python 程序中，可以使用内置函数来操作元组，其中常用的函数如下所示。

- len(tuple)：计算元组中的元素个数。
- max (tuple)：返回元组中元素的最大值。
- min (tuple)：返回元组中元素的最小值。
- tuple (seq)：将列表转换为元组。

【案例 5-9】使用内置函数操作元组。

```
language =('java', 'python', 'pascal', 'c++')
print(len(language))            #输出元组 language 的长度
tuple1 = ('1', '2','3')         #创建元组 tuple1
print(max(tuple1))              #显示元组 tuple1 中元素的最大值
print(min(tuple1))              #显示元组 tuple1 中元素的最小值
list = ['java', 'python', 'pascal', 'c++']  #创建列表
tuple2 = tuple(list)            #将列表 list 的元素赋予元组 tuple2
print(tuple2)                   #再次输出元组 tuple2 中的元素
```

运行后输出的结果如图 5-9 所示。

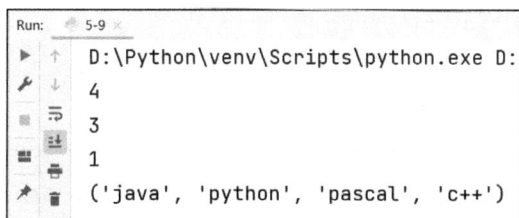

图 5-9　案例 5-9 的运行结果

5.2.3　字典

字典是一种特殊的数据类型，它是由大括号"{}"包围，并且以键值对的方式声明和存在的数据集合。字典与列表相比，最大的不同在于字典是无序的，其元素位置只是象征性的，要通过"键"来访问对应元素，而不能通过其位置来访问该元素。

1. 创建并访问字典

字典可以存储任意类型的对象。字典的键值对"key:value"之间必须用冒号":"分隔，每个键值对之间用逗号","分隔，整个字典包含在大括号"{}"中。

例如，以字典的形式来保存某位学生的考试成绩。第 1 个键值对是'Python': '96'，第 2 个键值对是'Java': '85'，第 3 个键值对是'Pascal': '71'。具体代码如下所示。

```
dict ={'Python':'96', 'Java':'85', 'Pascal':'71'}
```

在 Python 程序中，可以通过访问键的方式来显示对应的值。

【案例 5-10】

```
dict ={'Python': '96', 'Java': '85', 'Pascal': '71'}
print("第一科成绩是: ",dict['Python'])
print("第二科成绩是: ",dict['Java'])
print("第三科成绩是: ", dict['Pascal'])
```

运行后输出的结果如图 5-10 所示。

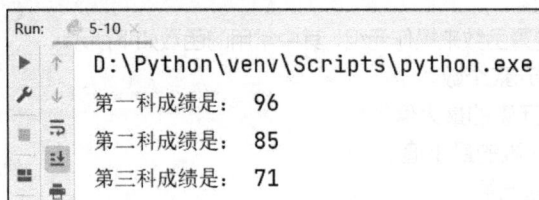

图 5-10　案例 5-10 的运行结果

添加、修改、删除
字典元素

2. 添加、修改、删除字典元素

（1）添加字典元素。

字典是一种动态结构，可以随时添加键值对。在添加键值对时，首先指定字典名，然后用中括号将键括起来，最后写明这个键的值。

【案例 5-11】

```
dict ={'Python': '96', 'Java': '85', 'Pascal': '71'}    #创建字典 dict
dict['C'] =70                                           #添加字典元素 1
dict['MySQL']=98                                        #添加字典元素 2
print(dict)                                             #输出字典 dict 中的元素
print("C 语言成绩是: ",dict['C'])
print("MySQL 成绩是: ",dict['MySQL'])
```

运行后输出的结果如图 5-11 所示。

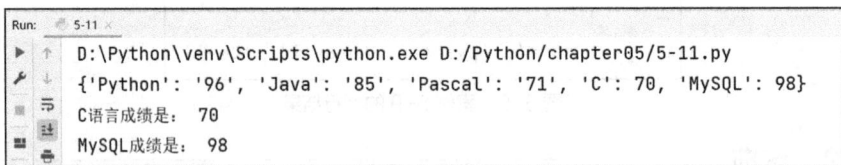

图 5-11　案例 5-11 的运行结果

（2）修改字典元素。

在 Python 程序中，要想修改字典中的元素，首先要指定字典名，然后用中括号把将要修改的键和新值对应起来。

【案例 5-12】

```
dict ={'Python': '96', 'Java': '85', 'Pascal': '71'}    #创建字典 dict
dict['Python'] =70              #修改字典元素 1
```

```
dict['Java']=98          #修改字典元素 2
print(dict)              #输出字典 dict 中的值
```

运行后输出的结果如图 5-12 所示。

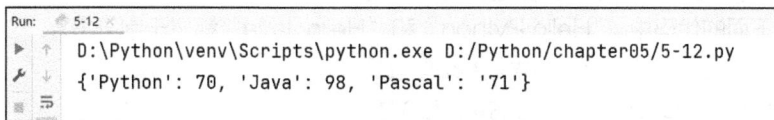

图 5-12　案例 5-12 的运行结果

（3）删除字典元素。

在 Python 程序中，对于字典中不再需要的信息，可以使用 del 语句将相应的键值对彻底删除。在使用 del 语句时，必须指定字典名和对应的键。

【案例 5-13】

```
dict ={'Python': '96', 'Java': '85', 'Pascal': '71'}  #创建字典 dict
del dict['Java']         #删除键"Java"
print(dict)              #输出字典 dict 中的元素
```

运行后输出的结果如图 5-13 所示。

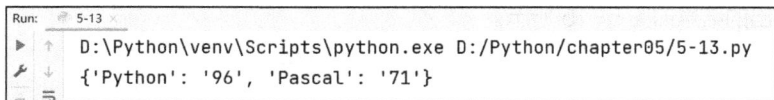

图 5-13　案例 5-13 的运行结果

5.2.4　集合

集合是无序、不重复元素的序列。集合的基本功能是进行元素关系测试和删除重复的元素。Python 规定使用大括号"{}"或 set()函数创建集合。

创建空集合时必须使用 set()函数，而不能使用大括号"{}"，这是因为空的大括号"{}"是用来创建空字典的。

集合

【案例 5-14】

```
set1 = {'java', 'python', 'pascal', 'c++', 'mysql', 'basic'}  #使用"{}"创建集
合 set1
set2 = set(['java', 'python', 'pascal', 'c++',]) #使用 set()函数创建集合 set2
print(set1 - set2)              #集合 set1 和集合 set2 的差集
print(set1 | set2)              #集合 set1 和集合 set2 的并集
print(set1 & set2)              #集合 set1 和集合 set2 的交集
print(set1 ^ set2)              #集合 set1 和集合 set2 中不同时存在的元素
```

运行后输出的结果如图 5-14 所示。

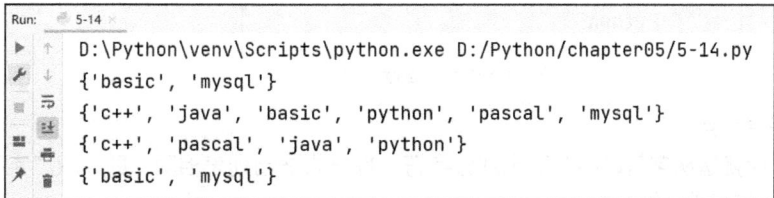

图 5-14　案例 5-14 的运行结果

5.2.5　字符串

字符串是常用的数据类型之一，开发者可以使用引号（单引号或双引号）来创建字符串。创建Python字符串的方法非常简单，为变量分配一个值即可。

例如，在下面的代码中，"Hello Python"和"Hello Java"都属于字符串。

```
var1 = 'Hello Python'        #字符串类型变量
var2 = "Hello Java"          #字符串类型变量
```

Python中还有一种用三重引号表示的特殊字符串。如果字符串占据了几行，想让Python保留输入时使用的准确格式，例如行与行之间的回车符、引号、制表符或者其他信息，则可以使用三重引号，即字符串以3个单引号或3个双引号开头，并且以3个同类型的引号结束。采用这种方式可以将整个段落作为单个字符串进行处理。

【案例5-15】

```
str1 = '''
Python是一门面向对象语言("OOP")
Java也是一门面向对象语言
'''
print(str1)
```

运行后输出的结果如图5-15所示。

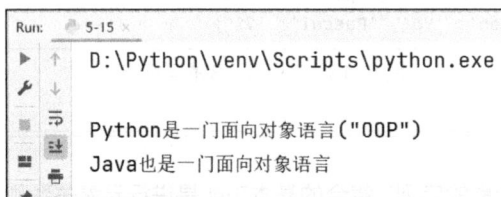

图5-15　案例5-15的运行结果

1. 字符串基本操作

（1）字符串元素读取。

与列表相同，使用索引可以直接访问字符串中的元素，方法为：字符串名[索引]。

【案例5-16】

```
var1 = 'Hello Python'
print(var1[6])          #截取字符串中索引为6的字符
print(var1[6:12])       #截取字符串中索引为6到11的字符
```

运行后输出的结果如图5-16所示。

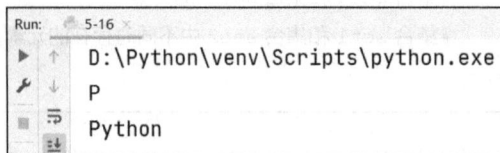

图5-16　案例5-16的运行结果

字符串读取与切片

（2）字符串切片。

字符串切片就是从字符串中分离出部分字符，操作方法与列表相同，即采取"字符串名[起始索引:结束索引:步长]"的方法。

【案例 5-17】

```
str='PythonLanguage'
print(str[0:12:2])      #索引从 0 开始到 11 结束，每隔 1 个取 1 个字符
print(str[:])           #取出原始字符串
print(str[-1:-12])      #索引从-1 开始，到-11 结束，步长默认为 1
print(str[-1:-20:-1])   #将字符串逆序输出
```

运行后输出的结果如图 5-17 所示。

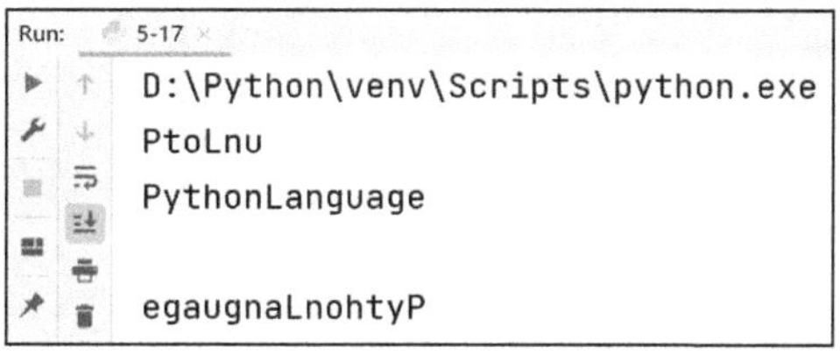

图 5-17　案例 5-17 的运行结果

（3）字符串连接。

可使用运算符 "+" 将两个字符串对象连接起来，得到一个新的字符串对象。将字符串和数字类型数据进行连接时，需要使用 str() 函数将数字类型数据转换成字符串，然后再进行连接运算。

【案例 5-18】

```
print("Hello"+"World")     #连接字符串
print("Python"+str(3.9))   #字符串与数字类型数据连接
```

运行后输出的结果如图 5-18 所示。

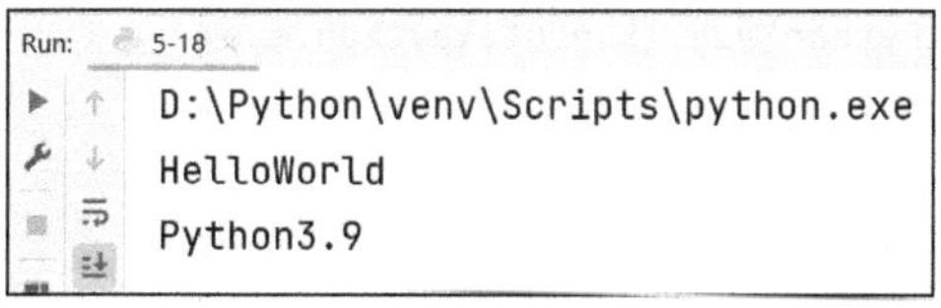

图 5-18　案例 5-18 的运行结果

字符串连接与重复

（4）字符串重复。

可以使用运算符 "*" 进行字符串重复操作，构建一个由字符串自身重复连接而成的字符串对象。

【案例 5-19】

```
print('Python'*3)
print(3*'Hello Python!')
```

运行后输出的结果如图 5-19 所示。

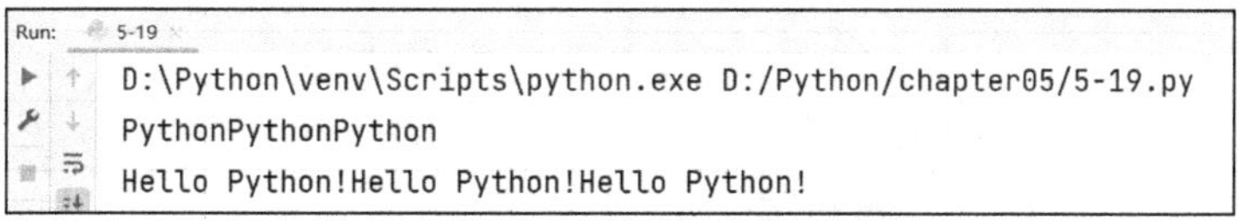

图 5-19　案例 5-19 的运行结果

（5）字符串的关系运算。

与数字类型数据一样，字符串也能进行关系运算，但意义略有不同。字符串是按照字符的 ASCII 值进行比较的。

【案例 5-20】

```
print('a'>'A')
print('abc'<'xyz')
print('abc'>'abcd')
print(''>'0')
```

运行后输出的结果如图 5-20 所示。

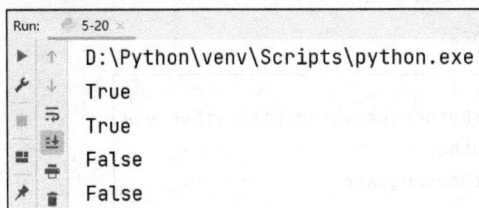

图 5-20 案例 5-20 的运行结果

字符串的关系运算
与成员运算

（6）字符串的成员运算。

可以使用 in 或 not in 运算符判断一个字符串是否包含另一个字符串。其返回值为 True 或 False。

【案例 5-21】

```
print('th' in 'Python')
print('py' in 'Python')
print('on' not in 'Python')
```

运行后输出的结果如图 5-21 所示。

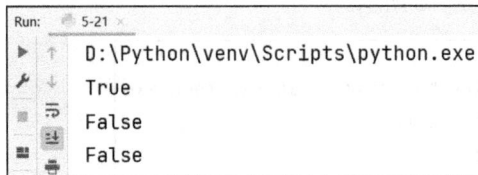

图 5-21 案例 5-21 的运行结果

2．字符串处理函数

Python 提供了多个操作字符串的函数，其中常用的字符串处理函数如表 5-1 所示。

表 5-1 常用的字符串处理函数

字符串处理函数	功能
string.capitalize()	将字符串的第一个字母大写
string.count()	获得字符串中某个子串的数目
string.find()	获得字符串中某个子串的起始位置，没有则返回-1
string.isalnum ()	检测字符串是否只包含 0~9、A~Z、a~z
string.isalpha()	检测字符串是否只包含 A~Z、a~z
string.isdigit ()	检测字符串是否只包含数字
string.islower ()	检测字符串是否只包含小写字母
string.isspace ()	检测字符串中所有字符是否均为空白字符
string.istitle()	检测字符串中的单词是否首字母大写
string.isupper ()	检测字符串是否只包含大写字母

续表

字符串处理函数	功能
string.join()	连接字符串
string.lower()	将字符串全部转换为小写字母
string.split ()	分割字符串
string.swapcase()	将字符串中的大写字母转换为小写字母，小写字母转换为大写字母
string.title()	将字符串中的单词首字母大写
string.upper ()	将字符串中的所有字母转换为大写字母
len(string)	获取字符串长度

（1）子串查找。

子串查找就是在主串中查找子串，如果找到则返回子串在主串中的位置，找不到则返回-1。Python 提供的 find()函数用于进行查找，一般形式如下。

```
str.find(substr,[start,[,end]])
```

其中，substr 是要查找的子串，start 和 end 是可选参数，分别表示查找的起始位置和结束位置。

子串查找

【案例 5-22】

```
str="Python lets you work quickly.Welcome to Python's World"
print(str.find('Python'))
print(str.find('Hello'))
print(str.find('Python',10))
print(str.find('Python',10,20))
print(str.find('Python',10,50))
```

运行后输出的结果如图 5-22 所示。

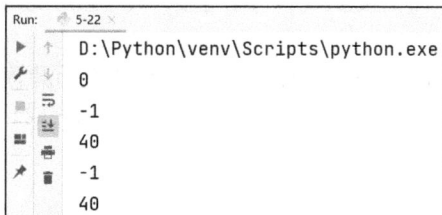

图 5-22　案例 5-22 的运行结果

（2）字符串替换。

使用 replace()函数可进行字符串替换。它的一般形式如下。

```
str.replace(old, new[,max])
```

其中，old 是要进行更换的旧字符串，new 是用于替换旧字符串的新字符串，max 是可选参数。该方法的功能是把字符串中的 old（旧字符串）替换成 new（新字符串），如果指定了 max，则替换不超过 max 次。

字符串替换

【案例 5-23】

```
str="Python lets you work quickly.Welcome to Python's World"
print(str.replace('Python','Java'))      #将字符串中的所有"Python"替换为"Java"
print(str.replace('Python','Java',1))    #仅将字符串中的第一个"Python"替换为"Java"
```

运行后输出的结果如图 5-23 所示。

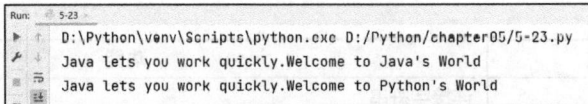

图 5-23　案例 5-23 的运行结果

（3）字符串分割。

字符串分割是指将一个字符串分割成多个子串组成的列表。Python 提供了用于进行字符串分割的 split()函数，其一般形式如下。

字符串分割

```
str.split([sep])
```

其中，sep 表示分隔符，默认以空格作为分隔符。若参数中没有分隔符，则把整个字符串作为列表的一个元素。当有参数时，用该参数进行分割。

【案例 5-24】

```
str="Beijing,Shijiazhuang,Zhengzhou,Wuhan,Changsha,Guangzhou"
print(str.split(','))          #以逗号作为分隔符
print(str.split('a'))          #以"a"作为分隔符
print(str.split())             #没有分隔符，整个字符串作为列表的一个元素
```

运行后输出的结果如图 5-24 所示。

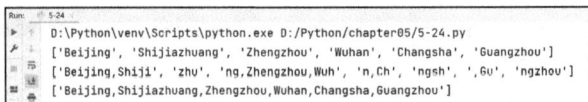

图 5-24　案例 5-24 的运行结果

（4）字符串连接。

字符串连接是将列表、元组中的元素以指定的字符（分隔符）连接起来生成一个新的字符串。可使用 join()函数实现字符串连接，其一般形式如下。

字符串连接

```
sep.join(sequence)
```

其中 sep 表示分隔符，可以为空；sequence 是要连接的元素序列。该函数的功能是将 sep 作为分隔符，将 sequence 中所有的元素合并成一个新的字符串并返回该字符串。

【案例 5-25】

```
tup=['Beijing','Shijiazhuang','Zhengzhou','Wuhan','Changsha','Guangzhou']
sep='-->'
str=sep.join(tup)
print(str)          #输出连接完成的字符串
```

运行后输出的结果如图 5-25 所示。

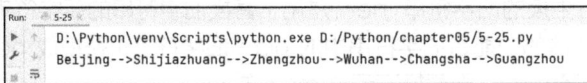

图 5-25　案例 5-25 的运行结果

5.2.6　数据类型转换

数据类型转换

在项目开发过程中，可能会面临对不同类型的数据进行操作的问题。在这个时候，就需要对将要操作的数据进行类型转换。当需要对数据类型进行转换时，将数据类型作为函数名即可。

在 Python 中，内置的数据类型转换函数可以实现数据类型的转换功能，如表 5-2 所示，这些函数能够返回一个新的对象，该对象用来表示转换后的值。

表 5-2 数据类型转换函数

函数	描述
int(x [, base])	将对象 x 转换为整数
float(x)	将对象 x 转换为浮点数
complex (real [, imag])	创建一个复数
str(x)	将对象 x 转换为字符串
repr (x)	将对象 x 转换为表达式字符串
eval (str)	用来计算在字符串中有效的 Python 表达式，并返回一个对象
tuple(s)	将序列 s 转换为元组
list(s)	将序列 s 转换为列表
set (s)	将序列 s 转换为可变集合
dict (d)	创建一个字典 d，该字典必须是一个序列
frozenset(s)	将序列 s 转换为不可变集合
chr(x)	将整数转换为字符
unichr(x)	将整数转换为 Unicode 字符
ord(x)	将字符转换为对应的整数
hex(x)	将整数转换为十六进制字符串
oct (x)	将整数转换为八进制字符串

下面的代码演示了使用 Python 内置的数据类型转换函数实现各种常见数据类型转换操作的过程。

【案例 5-26】

```
#转换为 int 类型
print('int 默认情况下为: ',int())
print('string 转换为 int: ', int('010'))
print('float 转换为 int: ', int(3.14))
#转换为 float 类型
print('float 默认情况下为: ', float())
print('string 转换为 float: ', float('3.14'))
print('int 转换为 float: ', float(213))
#转换为 complex 类型
print('创建一个复数(实部+虚部): ', complex(12, 43))
print('创建一个复数(实部+虚部): ', complex(12))
#转换为 string 类型
print('string 默认情况下为: ', str())
print('float 转换为 string: ', str(3.14))
print('int 转换为 string: ', str(213))
lists = ['a','b','c','d','e','f']
print('list 转换为 string: ',join(lists))
#转换为 list 类型
```

```
strs = 'python'
print('strs 转换为 list: ', list(strs))
#转换为 tuple 类型
print('list 转换为 tuple: ', tuple(lists))
```

运行后输出的结果如图 5-26 所示。

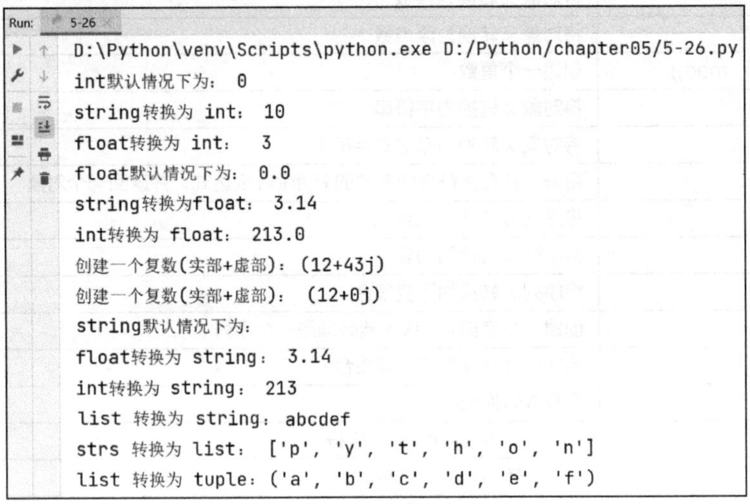

图 5-26　案例 5-26 的运行结果

5.3　任务实施

数据结构在实际软件项目开发中扮演着至关重要的角色，它们是组织和管理数据的基础，影响着程序的性能、可读性和可维护性，是软件开发的基础和核心，对程序的性能和功能实现起着关键的作用。在软件开发常见的数据库管理、网络通信、算法实现、人工智能和机器学习等方面，数据结构至关重要。本节将以 Python 的数据结构为基础，实现旅游景点门票预约结果的存储和查询系统的开发。

5.3.1　任务一：门票预约结果数据导入功能的开发

本任务根据提供的 JSON 文件，将 JSON 字符串转换为 Python 数据。

JSON（JavaScript Object Notation，JavaScript 对象表示法）是一种轻量级的数据交换格式，而不是一种编程语言。JSON 基于 ECMAScript（W3C 制定的 JavaScript 规范）的一个子集，采用完全独立于编程语言的文本格式来存储和表示数据，它比 XML 更小、更快、更易于编写和阅读、更易于生成和解析。简洁和清晰的层次结构使 JSON 成为理想的数据交换格式，目前已经被几乎所有主流编程语言支持。

【案例 5-27】Python 内置了 JSON 处理模块，引入该模块后，即可进行序列化和反序列化的操作。序列化是将 Python 数据转换为 JSON 字符串，反序列化就是将 JSON 字符串转换成 Python 数据。

首先，观察 JSON 文件中存储的 JSON 字符串内容。

```
[{"id": "11011319820213****", "name": "\u674e\u56db", "testTime": "2021-07-23",
"testResult": "\u662f"}, {"id": "12010319840514****", "name": "\u738b\u4e94",
"testTime": "2021-07-23", "testResult": "\u662f"}, {"id": "13010220120423****",
"name": "\u8d75\u516d", "testTime": "2021-07-23", "testResult": "\u662f"}, {"id":
```

"13010219541021****", "name": "\u5f20\u4e09", "testTime": "2021-07-24",
"testResult": "\u662f"}, {"id": "12010320080808****", "name": "\u9648\u4e03",
"testTime": "2021-07-24", "testResult": "\u662f"}]

内容看起来杂乱无序，可以使用 Chrome 浏览器内置的开发者工具对这个 JSON 字符串进行整理，之后再观察其内容，如图 5-27 所示。

图 5-27　对 JSON 字符串进行格式化

可以看到这个字符串是由元组和字典构成的。元组的每一个元素都是一个字典，形式如下。

元组={字典 1,字典 2,字典 3,字典 4, …}。

通过 Python 内置的 JSON 模块处理该 JSON 文件，将内容反序列化后存放在一个元组内。编写 loadJson()函数，实现门票预约结果数据导入功能。

```
def loadJson():
    with open('result.json') as json_file:
        results = json.load(json_file)
    return results
```

调用 loadJson()函数并将返回值输出。

```
#主程序
results = loadJson()
print(results)
```

运行结果如图 5-28 所示。

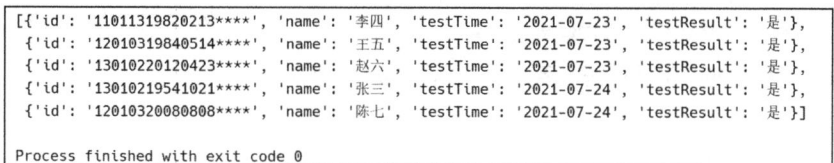

图 5-28　导入 JSON 字符串的运行结果

5.3.2　任务二：查询门票预约结果功能的开发

本任务封装了一个 queryAll()函数，该函数用于查询所有预约结果。

首先遍历存放查询结果的元组，取出每个元素内存储的字典；然后解析字典内容，通过相应的键值对将字典内存储的详细信息输出。

【案例 5-28】根据项目需求编写 queryAll()函数，实现查询所有预约结果的功能。

```
def queryAll(results):
    print('=' * 10,'开始查询', '=' * 10)
    for info in results:
        print('用户', info['name'],',','身份证号码为',info['id'],'于',info
['testTime'],'预约结果为',info['testResult'])
    print('=' * 10, '查询结束', '=' * 10)
```

在主程序中调用 loadJson() 函数，并将返回值作为参数传入 queryAll() 函数。

```
#主程序
results = loadJson()
queryAll(results)
```

运行结果如图 5-29 所示。

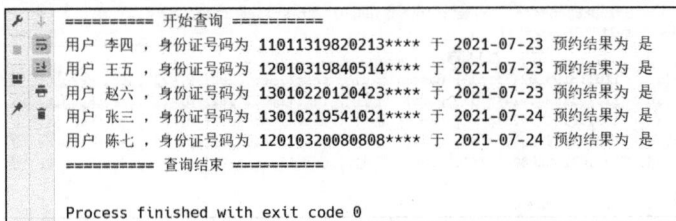

```
========== 开始查询 ==========
用户 李四 ，身份证号码为 11011319820213****  于 2021-07-23 预约结果为 是
用户 王五 ，身份证号码为 12010319840514****  于 2021-07-23 预约结果为 是
用户 赵六 ，身份证号码为 13010220120423****  于 2021-07-23 预约结果为 是
用户 张三 ，身份证号码为 13010219541021****  于 2021-07-24 预约结果为 是
用户 陈七 ，身份证号码为 12010320080808****  于 2021-07-24 预约结果为 是
========== 查询结束 ==========

Process finished with exit code 0
```

图 5-29　查询所有预约结果

5.3.3　任务三：根据条件查询预约结果功能的开发

本任务通过唯一的身份证号码来查询门票预约结果。当身份证号码存在时，将对应的预约结果显示出来；若身份证号码不存在，则提示用户预约信息不存在。

【案例 5-29】根据项目需求分析并编写 queryById() 函数。

```
def queryById(id, results):
    print('=' * 10, '开始查询', '=' * 10)
    for info in results:
        if id == info['id']:
            print('身份证号码为',info['id'],'的用户', info['name'],'于',
info['testTime'],'预约结果为',info['testResult'])
            break
    else:
        print('您所查找的预约信息不存在。')
    print('=' * 10, '查询结束', '=' * 10)
```

输入一个不存在的身份证号码，系统提示预约信息不存在。

```
#主程序
results = loadJson()
queryById('13010219820213****', results)
```

运行结果如图 5-30 所示。

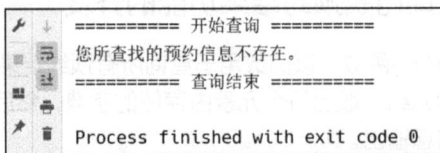

```
========== 开始查询 ==========
您所查找的预约信息不存在。
========== 查询结束 ==========

Process finished with exit code 0
```

图 5-30　查询错误身份证号码的结果

输入一个存在的身份证号码，系统查询出详细的门票预约信息。

```
#主程序
results = loadJson()
queryById('11011319820213****', results)
```

运行结果如图 5-31 所示。

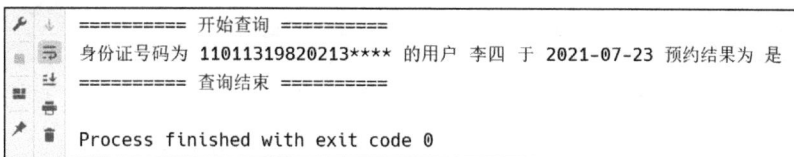

图 5-31　根据用户身份证号码输出结果

5.4　拓展创新

在软件项目开发中，通常使用正则表达式（Regular Expression）进行文本的匹配、搜索、替换和提取等操作。正则表达式是一种用来描述字符串模式的强大工具，是由一系列字符和操作符组成的字符串，可以用来匹配和识别文本中的特定模式。

正则表达式是用来匹配字符串的强大工具，但并不是 Python 独有的，其他编程语言也有，区别在于不同的编程语言支持的语法数量不同。有了正则表达式，从返回的页面内容中提取出所需内容就易如反掌了。正则表达式的大致匹配过程：依次将表达式和文本中的字符进行比较，如果每一个字符都能匹配，则匹配成功；一旦有匹配不成功的字符则匹配失败。

在 Python 中导入 re 模块后即可使用正则表达式。re 模块中的常用函数介绍如下。

1. re.match()函数

re.match()函数尝试从字符串的起始位置匹配一个对象，若不是自起始位置就匹配成功，re.match()函数就返回 None。该函数的语法格式如下。

```
re.match(pat, string, flags=0)　#匹配成功，re.match()函数返回一个匹配的对象，否则返
回 None
```

参数说明如下。

- pat 是匹配的正则表达式。
- string 是要匹配的字符串。
- flags 是标志位，用于控制正则表达式的匹配方式，如是否区分大小写、多行匹配等。

2. re.search()函数

re.search()函数扫描整个字符串并返回第一个成功匹配的对象。该函数的语法格式如下。

```
re.search(pattern, string, flags=0)　#匹配成功，re.search()函数返回一个匹配的对象，
否则返回 None
```

3. re.search()函数和 re.match()函数的区别

re.match()函数只匹配字符串的起始字符，如果字符串的起始字符不符合正则表达式，则匹配失败，函数返回 None；而 re.search()函数匹配整个字符串，直到找到一个匹配对象。

【案例 5-30】

```
import re

line = "Cats are smarter than dogs";
```

```
matchObj = re.match(r'dogs', line)  #不在起始位置匹配
if matchObj:
    print ("match --> : ", matchObj.group())
else:
    print("match 没有匹配到")

matchObj = re.search(r'dogs', line)  #不在起始位置匹配
if matchObj:
    print("search --> : ", matchObj.group())
else:
    print( "search 没有匹配到")
```

运行结果如图 5-32 所示。

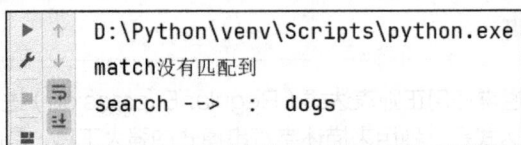

```
D:\Python\venv\Scripts\python.exe
match没有匹配到
search --> :  dogs
```

图 5-32　案例 5-30 的运行结果

4．获取匹配对象内容的函数

可以使用 group(num)或 groups()匹配对象函数来获取匹配对象的内容。

group(num=0)用于匹配整个字符串，group()函数允许一次输入多个组号，在这种情况下它将返回一个包含这些组对应值的元组。

groups()函数用于返回一个包含所有小组字符串的元组。

【案例 5-31】

```
import re

line = "Cats are smarter than dogs"

matchObj = re.match(r'(.*) are (.*?) .*', line)

if matchObj:
    print("matchObj.group(0) : ", matchObj.group(0))
    print("matchObj.group(1) : ", matchObj.group(1))
    print("matchObj.group(2) : ", matchObj.group(2))
    print("matchObj.groups() : ",matchObj.groups())    #返回一个元组
else:
    print( "No match!!")
```

运行结果如图 5-33 所示。

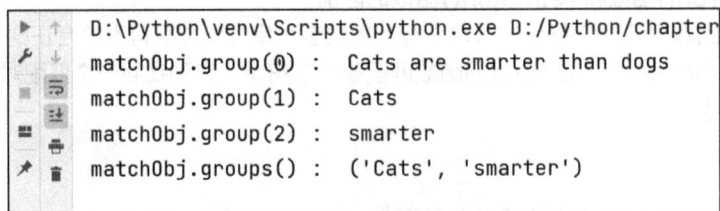

```
D:\Python\venv\Scripts\python.exe D:/Python/chapter
matchObj.group(0) :  Cats are smarter than dogs
matchObj.group(1) :  Cats
matchObj.group(2) :  smarter
matchObj.groups() :  ('Cats', 'smarter')
```

图 5-33　案例 5-31 的运行结果

5. re.compile()函数

re.compile()函数用于编译正则表达式，生成正则表达式对象（Pattern），该对象供 re.match() 和 re.search()这两个函数使用。

re.compile()函数的语法格式如下。

```
re.compile(pattern[, flags])    #定义正则规则
```

参数说明如下。

- pattern：一个字符串形式的正则表达式。
- flags：可选参数，表示匹配模式，比如忽略大小写、多行匹配等，具体参数如下。

  re.I：忽略大小写。

  re.L：表示特殊字符集\w、\W、\b、\B、\s、\S，依赖于当前环境。

  re.M：多行匹配。

  re.S：使"."匹配包括换行符在内的任意字符。

  re.U：表示特殊字符集\w、\W、\b、\B、\d、\D、\s、\S，依赖于 Unicode 字符属性数据库。

  re.X：增加可读性，忽略空格和注释。

【案例 5-32】

```
import re
pattern = re.compile(r'\d+')                    #用于匹配至少一个数字
m = pattern.match('one12twothree34four', 3, 10)  #从"1"的位置开始匹配，正好匹配
print(m)                                         #返回一个匹配对象
print(m.group())                                 #通过 group()函数获取匹配内容
```

运行结果如图 5-34 所示。

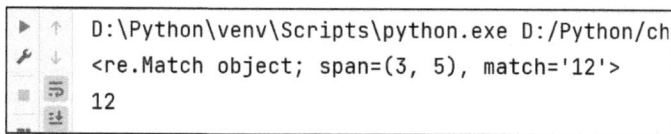

```
▶  ↑    D:\Python\venv\Scripts\python.exe D:/Python/ch
✦  ↓    <re.Match object; span=(3, 5), match='12'>
▤  ⇥    12
   ⇥
```

图 5-34　案例 5-32 的运行结果

6. findall()函数

该函数用于在字符串中找到正则表达式所匹配的所有子串，返回一个列表，如果没有找到匹配的子串，则返回空列表。

re.match()和 re.search()函数只能查找第一个匹配项，findall()函数可以查找所有匹配项。

findall()函数的语法格式如下。

```
findall(string[, pos[, endpos]])
```

参数说明如下。

- string：待匹配的字符串。
- pos：可选参数，指定字符串的起始位置，默认为 0。
- endpos：可选参数，指定字符串的结束位置，默认为字符串的长度。

【案例 5-33】

```
import re

pattern = re.compile(r'\d+')    #查找数字
result1 = pattern.findall('sffss 123 google 456')
```

```
result2 = pattern.findall('dsa88dfg123google456', 0, 10)

print(result1)
print(result2)
```

运行结果如图 5-35 所示。

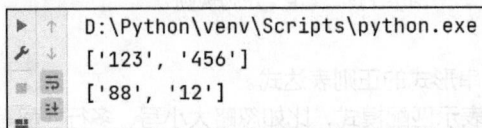

```
D:\Python\venv\Scripts\python.exe
['123', '456']
['88', '12']
```

图 5-35 案例 5-33 的运行结果

7. 检索和替换

Python 的 re 模块提供了用于替换字符串中的匹配项的 re.sub()函数。其语法格式如下。

```
re.sub(pattern, repl, string, count=0, flags=0)
```

参数说明如下。

- pattern：正则表达式中的模式字符串。
- repl：替换的字符串，也可为一个函数。
- string：要被替换的原始字符串。
- count：模式匹配后替换的最大次数，默认值 0 表示替换所有的匹配项。
- flags：表示编译时用的匹配模式（如忽略大小写、多行模式等），数字形式，默认为 0。

【案例 5-34】

```
import re

#将匹配的数字乘以 2
def double(matched):
    value = int(matched.group('value'))
    return str(value * 2)


s = 'A23G4HFD567'
print(re.sub('(?P<value>\d+)', double, s))
```

运行结果如图 5-36 所示。

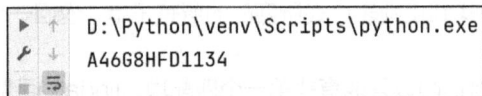

```
D:\Python\venv\Scripts\python.exe
A46G8HFD1134
```

图 5-36 案例 5-34 的运行结果

常用的元字符如表 5-3 所示。

表 5-3 常用的元字符

元字符	在正则表达式中的写法	意义
.	"."	代表任意一个字符
\d	"\\d"	代表 0~9 的任意一个数字
\D	"\\D"	代表任意一个非数字字符
\s	"\\s"	代表任意空白字符，如 "\t" "\n" "\x0B" "\f" "\r"

元字符	在正则表达式中的写法	意义
\S	"\\S"	代表非空白字符
\w	"\\w"	代表可用作标识符的字符（不包括美元符号）
\W	"\\W"	代表不能用作标识符的字符
\p{Lower}	"\\p{Lower}"	代表小写字母 a~z
\p{Upper}	"\\p{Upper}"	代表大写字母 A~Z
\p{ASCII}	"\\p{ASCII}"	代表 ASCII 字符
\p{Alpha}	"\\p{Alpha}"	代表字母
\p{Digit}	"\\p{Digit}"	代表数字字符，即 0~9
\p{Alnum}	"\\p{Alnum}"	代表字母或数字
\p{Punct}	"\\p{Punct}"	代表标点符号
\p{Graph}	"\\p{Graph}"	代表可视字符：\p{Alnum}\p{Punct}
\p{Print}	"\\p{Print}"	代表可输出字符：\p{Graph}
\p{Blank}	"\\p{Blank}"	代表空格或制表符"\t"
\p{Cntrl}	"\\p{Cntrl}"	代表控制字符：0x00~0x1F 的字符、0x7F 的字符

正则表达式的常用模式如表 5-4 所示。

表 5-4   正则表达式的常用模式

模式	描述
^	匹配字符串的开头
$	匹配字符串的末尾
[...]	用来表示一组字符，单独列出。例如，[amk]匹配 a、m 或 k
[^...]	匹配不在[]中的字符。例如，[^abc]匹配 a、b、c 之外的字符
re*	匹配 0 个或多个前面的正则表达式
re+	匹配 1 个或多个前面的正则表达式
re?	匹配 0 个或 1 个由前面的正则表达式定义的片段，非贪婪方式
re{ n }	精确匹配 n 个前面的正则表达式。例如，o{2}不能匹配"Bob"中的"o"，但是能匹配"food"中的两个"o"
re{ n,}	匹配 n 个前面的正则表达式。例如，o{2,}不能匹配"Bob"中的"o"，但能匹配"foooood"中的所有"o"。"o{1,}"等价于"o+"。"o{0,}"则等价于"o*"
re{ n, m }	匹配 n 到 m 次由前面的正则表达式定义的片段，贪婪方式
a| b	匹配 a 或 b
(re)	匹配括号内的表达式，也表示一个组
(?imx)	正则表达式包含 3 种可选标志：i、m 或 x。只影响括号中的区域

续表

模式	描述
(?-imx)	正则表达式关闭 i、m 或 x 可选标志。只影响括号中的区域
(?: re)	类似于(...)，但是不表示一个组
(?imx: re)	在括号中使用 i、m 或 x 可选标志
(?-imx: re)	在括号中不使用 i、m 或 x 可选标志
(?#...)	注释
(?= re)	前向肯定界定符。如果所含正则表达式以"..."表示，在当前位置成功匹配时成功，否则失败。但一旦所含表达式已经尝试，匹配引擎根本没有提高；模式的剩余部分还要尝试界定符的右边
(?! re)	前向否定界定符。与肯定界定符相反。当所含表达式不能在字符串当前位置匹配时成功
(?> re)	匹配的独立模式，省去回溯
\A	匹配字符串开头
\Z	匹配字符串末尾，如果存在换行符，只匹配到换行符前的结束字符串
\z	匹配字符串末尾
\G	匹配最后匹配完成的位置
\b	匹配单词边界的位置。例如，"er\b"可以匹配"never"中的"er"，但不能匹配"verb"中的"er"
\B	匹配非单词边界。例如，"er\B"能匹配"verb"中的"er"，但不能匹配"never"中的"er"
\n、\t 等	匹配换行符、制表符等
\1...\9	匹配第 *n* 个分组的内容
\10	匹配第 10 个分组的内容。

正则表达式的实例如表 5-5 所示。

表 5-5 正则表达式的实例

实例	描述
[Pp]ython	匹配"Python"或"python"
[\u4e00-\u9fa5]	匹配中文
[aeiou]	匹配中括号内的任意一个字母
[0-9]	匹配任何数字。类似于 [0123456789]
[a-z]	匹配任何小写字母
[A-Z]	匹配任何大写字母
[a-zA-Z0-9]	匹配任何字母及数字
[^aeiou]	匹配 a、e、i、o、u 以外的所有字符
[^0-9]	匹配数字外的字符

5.5 项目小结

本项目介绍了列表、元组、字典、集合等组合数据类型。列表是一种可变序列，在大数据处理和机器学习中应用广泛；元组是一种常用的内置数据结构，具有速度快、安全性高等一系列优点；字典是 Python 中唯一的内置映射类型，字典中指定的值没有特殊顺序，存储在某一个键中，键可以是数字、字符串或元组；集合是无序的、不重复的数据结构，不能更改其内部元素。Python 中的字符串功能强大而灵活，除了基本操作，还可进行字符串运算、字符串格式化等操作。

【素质拓展】弘扬和传承中华优秀传统文化

中华优秀传统文化博大精深，有几千年的积淀，是我国劳动人民智慧的结晶，中华民族的精神风貌、道德修养等无不蕴藏其中。中华优秀传统文化既是中国人精神的滋养园地，也是所有中国人紧密团结的精神纽带。

中华优秀传统文化蕴含着丰富的道德理念和规范，如天下为公、天下兴亡匹夫有责的担当意识，精忠报国、振兴中华的爱国情怀，崇德向善、见贤思齐的社会风尚，孝悌忠信、礼义廉耻的荣辱观念等。当代大学生要通过弘扬和传承中华优秀传统文化来认识自我，提高自身的人文素养和人格修养，从精神上丰富自己、增强自己，铸牢中华民族共同体意识，坚守中华民族共同的理想信念，坚定中华民族的文化自信，做堂堂正正、深明大义、有担当、有作为、为国为民、奉献人生的新时代中国青年。

【课后任务】

一、填空题

1. Python 列表首个元素的索引是_____。
2. 在 Python 中，当需要创建一组不可改变的数据时，通常使用_____结构。
3. 在 Python 中，使用_____来访问字典的元素。
4. 创建空集合需要使用_____函数。
5. 可以使用_____符号将两个字符串连接起来。

二、判断题

1. 列表是一个无序集合。（   ）
2. 字典不可以通过数据位置来访问元素。（   ）
3. 可以使用集合来删除重复数据。（   ）
4. 在 Python 中可以使用单引号创建字符串。（   ）
5. 可以使用 split()函数来分割字符串。（   ）

三、选择题

1. 下面代码的运行结果是（   ）。

```
list=["12","asd","abc"]
print(len(list))
```

　　A. 4　　　　　　　　B. 3　　　　　　　　C. 5　　　　　　　　D. 2

2. 若列表 aList 为[3, 4, 5, 6, 7, 9, 11, 13, 15, 17]，那么 aList[3:7]的值是（   ）。

　　A. [6, 7, 9, 11]　　　　　　　　　　　　B. [5, 6, 7, 9, 11]

　　C. [6, 7, 9, 11,13]　　　　　　　　　　D. [3,4,5,6,7]

3. 以下不是元组和列表的共同点的是（   ）。
   A. 不可修改
   B. 用逗号隔开
   C. 可以包含多个元素
   D. 可以用索引的方式访问
4. 以下不是 Python 元组正确定义方式的是（   ）。
   A. (1)
   B. (1,)
   C. (1, 2)
   D. (1, 2, (3, 4))
5. 下列语句的执行结果是（   ）。

```
a = [1, 2, 3]
print(a * 3)
```

   A. [1, 2, 3, 1, 2, 3, 1, 2, 3]
   B. [3, 6, 9]
   C. [3, 6, 9, 3, 6, 9, 3, 6, 9]
   D. [1, 2, 3]

项目6
面向对象编程
——生态保护模拟系统开发

06

项目描述

塞罕坝位于河北省承德市围场满族蒙古族自治县北部。这里曾是清朝木兰围场的一部分，同治年间开围放垦，致使千里松林被砍伐殆尽。到中华人民共和国成立之初，过去的原始森林已变成"飞鸟无栖树，黄沙遮天日"的高原荒丘。百年间，塞罕坝由"美丽高岭"退变为茫茫荒原。

1961年，林业部决定在河北省北部建立大型机械林场，并选址塞罕坝。1962年，塞罕坝机械林场正式组建，拉开了塞罕坝造林绿化的历史帷幕。一代代塞罕坝人薪火相传，用半个多世纪的接力传承，以青春、汗水甚至血肉之躯，筑起为京津阻沙涵水的"绿色长城"，从茫茫荒原到百万亩人工林海，创造了人间奇迹，用实际行动诠释了"绿水青山就是金山银山"的理念，铸就了牢记使命、艰苦创业、绿色发展的塞罕坝精神。

本项目将使用Python，结合类、对象、属性、方法、封装、继承、多态等面向对象思想，实现一个模拟塞罕坝林场生态保护的程序。

6.1 任务导入

Python 是一门真正面向对象的高级动态编程语言，支持面向对象的基本特性，所以了解面向对象编程的知识十分重要。在使用 Python 编写程序时，应该使用面向对象的思想来分析问题，抽象出项目不同模块的共同特点。相较于其他编程语言，Python 中对象的概念更加广泛。

知识目标
① 理解面向对象的思想。
② 理解类与对象。
③ 掌握属性与方法。
④ 掌握继承与多态。

能力目标
① 掌握面向对象的程序设计方法。
② 掌握类与对象的创建和使用方法。
③ 掌握实例属性与对象方法的使用方法。
④ 掌握继承与多态的使用方法。

学习任务
任务一：塞罕坝林场类的封装。
任务二：林场分场类的开发。
任务三：环境治理方法的开发。

6.2 相关知识

目前的软件开发领域有两种主流的开发方法，分别是面向过程的开发方法和面向对象的开发方法。早期的编程语言（如 C 语言、Basic、Pascal 等）都是面向过程的结构化编程语言，随着软件开发技术的逐渐发展，人们发现面向对象可以提供更好的可重用性、可扩展性和可维护性，于是涌现了许多的面向对象的编程语言，如 C++、Java、Python、C#和 Ruby 等。

面向对象程序设计起源于 20 世纪 60 年代的 Simula 语言，其自身理论已经十分完善。面向对象程序设计是一种计算机编程架构，主要针对大型软件设计而提出。面向对象程序设计是软件工程、结构化程序设计、数据抽象、信息隐藏、知识表示及并行处理等多种理论的积累和发展，可使软件设计更加灵活，也可更好地支持代码复用和设计复用，使代码更具可读性和可扩展性。

面向过程程序设计是一种自上而下的设计方法。瑞士计算机科学家尼克劳斯 •威茨沃斯（Niklaus Wirth）提出了计算机系统中一个重要的公式：

$$程序=数据结构+算法$$

该公式体现了面向过程程序设计的核心思想——数据与算法。在面向过程程序设计中，将数据与数据处理过程分开，将程序按照功能分割成一个个小的子函数并逐步分解，将问题拆分为一个个较小的功能模块。面向过程程序设计以函数为中心，把函数作为划分程序的基本单位，数据在其中起到从属的作用。

面向过程程序设计易于理解和掌握，但在处理一些较为复杂的情况时会出现许多问题。面向过程程序设计一般既有定义数据的元素，也有定义操作的元素，即将数据与操作分割，这样不利于程序维护。除此之外，还存在代码复用率低、可扩展性差等缺点。

面向对象程序设计是一种自下而上的程序设计方法，将数据与数据处理当作一个整体，即一个对象。相较于面向过程程序设计方法，面向对象程序设计有以下优点。

（1）将数据抽象化，可在外部接口不改变的前提下改变内部实现，减少或避免外部干扰。

（2）通过继承可大幅度减少冗余代码，降低代码出错率，提高代码利用率与软件可维护性。

（3）将对象按照同一属性和行为划分为不同的类，可将软件系统分割为若干个相互独立的部分，便于控制软件复杂度。

（4）以对象为核心，开发人员可从静态（属性）和动态（方法）两个方面考虑问题，更好地设计、实现系统。

6.2.1 类与对象

面向对象是一种集问题分析方法、软件设计方法和人类的思维于一体的，贯穿软件系统分析、设计和实现过程的程序设计方法。面向对象的基本思想：对问题空间进行自然分割，以更接近人类思维的方式建立问题域模型，以便对客观实体进行结构模拟和行为模拟，从而使设计出的软件尽可能直接地描述现实世界，并限制软件的复杂度，减少软件开发费用，从而制造出模块化的、可重用的、维护方便的软件。在面向对象中，对象作为描述信息实体的统一概念，把属性和服务融为一体，通过类、对象、封装、继承、多态、消息、服务等概念和机制构造软件系统，并为软件重用和维护提供强有力的支持。

1. 类的基本概念

只要是一门面向对象的编程语言（例如 C++、Java 和 Python 等），就一定有类这一概念。类将相同属性的东西放在一起，描述一类对象的行为和状态。面向对象的编程语言使用类来定义和表示具有相同属性或功能的模型。

类（Class）是对一组具有相同属性对象（实例）的抽象。

类

可以把类看作模板（Template），它抽象地描述了属于该类的全部对象共有的属性和操作。类与对象的关系是抽象与具体的关系，类是多个对象（实例）的综合抽象，对象是类的个体实物。例如，在学生信息管理系统中，学生是一个类，它是一个特殊的人组成的群体。学生类的属性有学号、姓名、性别、年龄等，可用于定义选课等操作。张三是一名学生，是一个具体的对象，也是学生类的一个实例，而李四是学生类的另一个实例。

一个类的构造至少应包括以下几个部分。

（1）类的名称。

（2）属性结构，包括所用的数据类型、实例变量及操作的定义。

（3）与其他类的关系，如继承关系等。

（4）外部操作类的操作界面。

2. 类的定义

类和对象是计算机系统中的两个重要概念，类是客观事物的抽象，对象是类的实例。Python中使用 class 关键字定义类。定义类的一般方法如下。

```
class 类名：
类的内部实现
```

class 关键字后紧跟空格，空格之后是类名；类名后面必须有冒号，然后换行，以空格控制 Python 逻辑关系；最后定义类的内部实现。

根据编程规范，类名首字母一般需要大写。注意整个系统的设计与实现保持风格一致。

示例如下。

```
class Cat:
    def eat(self):
        print('This cat is eating')
```

Cat 类只有一个 eat()方法，类的所有实例方法必须有一个参数为 self，self 代表将来要创建的对象本身，并且必须是第一个形参。在类的实例方法中访问实例属性需要以 self 为前缀，在外部通过类名调用对象方法同样需要以 self 为参数传值，而在外部通过对象名调用对象方法时不需要传递该参数。

实际应用中，在类中定义实例方法时，第一个参数并不是必须为 self，也可以由开发人员自定义。

【案例 6-1】

```
class Cat:
    def __init__(this, c):
        this.value = c
    def show(this):
        print(this.value)
c = Cat(23)
c.show()
```

代码运行后输出的结果如图 6-1 所示。

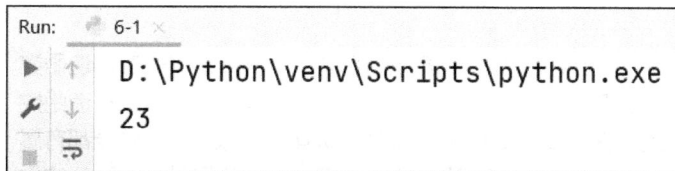

图 6-1　案例 6-1 的运行结果

3. 对象的基本概念

现实世界中客观存在的事物称为对象（Object），对象有以下两大类。

（1）人们身边存在的一切事物，如一个人、一本书、一座大楼、一棵树等。

（2）人们身边发生的一切事件，如一场篮球比赛、一人到图书馆借书、一次演出等。

对象

不同的对象有不同的特征和功能。例如，一个人有姓名、性别、年龄、身高、体重等特征，也具有说话、吃饭、行走等功能。

现实世界是由一个个这样相互关联的对象组成的。如果把现实世界中的对象数字化，则对象具有如下特征。

（1）有一个名称，用来唯一标识对象。

（2）有一组状态，用来描述其特征。

（3）有一组操作，用来实现其功能。

4. 对象的创建与使用

类是抽象的。创建类之后，要使用类定义的功能，必须将其实例化，即创建类的对象。类的一般形式如下。

```
对象名=类名(参数列表)
```

创建对象后，可通过"对象名.成员"的方式访问其中的数据成员或成员方法。示例如下。

```
cat = Cat()    #创建对象
cat.eat()      #调用成员方法
```

Python 的内置函数 isinstance()可以判断一个对象是否是已知类的实例，其语法如下。

```
isinstance(object, classinfo)
```

其中，第一个参数 object 为对象，第二个参数 classinfo 为类名，返回值为布尔值（True 或 False）。

【案例6-2】

```
class Cat:
    def eat(self):
        print('This cat is eating')
cat = Cat()
print(isinstance(cat, Cat))
print(isinstance(cat, str))
```

代码运行后输出的结果如图 6-2 所示。

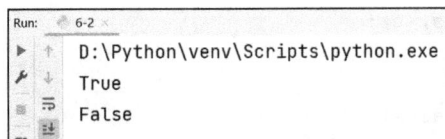

图6-2　案例 6-2 的运行结果

6.2.2　属性与方法

1. 实例属性

在 Python 中，属性包括实例属性和类属性两种。实例属性一般在构造函数 __init__()中定义，定义和使用时必须以 self 为前缀。Python 中类的构造函数用来初始化属性，在创建对象时自动执行。构造函数属于对象，每个对象都有属于自己的构造函数，若开发人员未编写构造函数，Python 将提供一个默认的构造函数。示例如下。

属性

```
class cat:
    def __init__(self, s):
        this.name = s          #定义实例属性
```

> **注意**　__init__ 中的"__"是两个下画线，中间没有空格。

与构造函数相对的是析构函数。Python 中的析构函数是 __del__()，它用来释放对象所占用的空间资源，在 Python 回收对象空间资源之前自动执行。同样，析构函数属于对象，每个对象都有自己的析构函数，若开发人员未定义析构函数，Python 将提供一个默认的析构函数。

2. 类属性

类属性属于类，是在类中所有方法之外定义的数据成员，可通过类名或对象名访问。

【案例 6-3】

```
class Cat:
    color = 'gray'            #定义类属性
    def __init__(self, s ):
        self.name = s          #定义实例属性
cat1 = Cat('Tom')
cat2 = Cat('Jerry')
print(cat1.name, Cat.color)
```

运行后结果如图 6-3 所示。

```
Run:     6-3
 ▶  ↑   D:\Python\venv\Scripts\python.exe
 ⚙  ↓   Tom gray
 ▣  ⇥
```

图 6-3　案例 6-3 的运行结果

在类的方法中可以调用类本身的其他方法，也可访问类属性及实例属性。值得注意的是，Python 允许开发者动态地为类和对象增加成员，这点是与其他面向对象语言不同的，也是 Python 的重要特点。

动态增加成员的示例如下。

```
Cat.size = 'big'      #增加类属性
Cat.price= 1000       #增加类属性
Cat.color='red'       #修改类属性
Cat.name = 'maomi'    #修改实例属性
```

Python 成员分为私有成员和公有成员。若属性名以两个下画线（中间无空格）开头，则该属性为私有属性。私有属性在类的外部不能直接访问，需通过调用对象的公有成员方法或 Python 提供的特殊方式来访问。Python 为访问私有成员所提供的特殊方式用于测试和调试程序，一般不建议使用，该方式的形式如下。

对象名.__类名+私有成员

公有属性是公开使用的，既可以在类的内部使用，也可以在类的外部程序中使用。

【案例 6-4】公有成员和私有成员的使用。

```
class Animal:
    def __init__(self):
```

```
        self.name = 'Tom'              #定义公有成员
        self.__color = 'Gray'          #定义私有成员
    def setValue(self, n, c):
        self.name = n                  #类的内部使用公有成员
        self.__color = c               #类的内部访问私有成员
animal = Animal()                      #创建对象
print(animal.name)                     #外部访问公有成员
print(animal._Animal__color)           #外部特殊方式访问私有成员
```

运行后结果如图 6-4 所示。

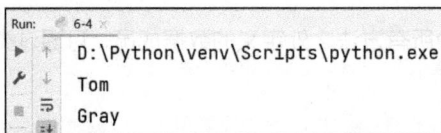

图 6-4　案例 6-4 的运行结果

3．对象方法

类中定义的方法可大致分为私有方法、公有方法和静态方法 3 类。私有方法和公有方法属于对象，每个对象都有自己的公有方法和私有方法，这两类方法可访问属于类和对象的成员。公有方法通过对象名直接调用；私有方法的名称以两个下画线开始，不能通过对象名直接访问，只能在属于对象的方法中调用或在外部通过 Python 提供的特殊方式调用。静态方法可通过类名和对象名调用，但不能直接访问属于对象的成员，只能访问属于类的成员。

方法

【案例 6-5】

```
class Animal:
    specie = 'cat'
    def __init__(self):
        self.__name = 'Tom'            #定义和设置私有成员
        self.__color = 'Gray'
    def __outPutName(self):            #定义私有函数
        print(self.__name)
    def __outPutColor(self):           #定义私有函数
        print(self.__color)
    def outPut(self):                  #定义公有函数
        self.__outPutName()            #调用私有方法
        self.__outPutColor()
    @staticmethod                      #定义静态方法
    def getSpecie():
        return Animal.specie           #调用类属性
    @staticmethod
    def setSpecie(s):
        Animal.specie = s
#主程序
cat = Animal()
cat.outPut()                           #调用公有方法
```

```
print(Animal.getSpecie())
Animal.setSpecie("dog")    #调用静态方法
print(Animal.getSpecie())
```
运行后输出的结果如图 6-5 所示。

图 6-5　案例 6-5 的运行结果

6.2.3　继承和多态

1. 继承

在面向对象程序设计中，当需要定义一个类时，可通过从已有的类中继承来实现。新定义的类称为子类或派生类，而被继承的类称为基类、父类或者超类。继承的方式如下。

```
class <父类名>(object):
    <父类内部实现>
class <子类名>(<父类名>):
    <子类内部实现>
```

其中，父类必须继承于 Object 类，否则子类将无法使用 super() 等函数。

子类可以继承父类的公有成员，但不能继承父类的私有成员。子类可通过内置函数 super() 或以下方式调用父类方法。

```
父类名.方法名()
```

【案例 6-6】实现继承。

```
#定义父类
class Animal (object):
    size = 'small'
    def __init__(self):              #父类构造函数
        self.color = 'white'
        print('--Superclass: init of animal')
    def outPut (self):               #父类公有函数
        print(self.size)


#子类 Dog，继承 Animal 类
class Dog(Animal):
    def __init__(self):              #子类构造函数
        self.name = 'dog'
        print('--subClass: init of dog')
    def run(self):                   #子类方法
        Animal.outPut(self)          #通过父类名调用父类构造函数（方式一）
        print(Dog.size, self.color, self.name)
```

121

```
#子类 Cat, 继承 Animal 类
class Cat(Animal):
    def __init__(self):                          #子类构造函数
        self.name = 'cat'
        # self.color = 'gray'
        print('--subClass: init of cat')
    def run(self):                               #子类方法
        super(Cat, self).__init__()              #调用父类构造函数（方式二）
        super().outPut()                         #调用父类构造函数（方式三）
        print(Cat.size, self.color, self.name)

#主程序
a = Animal()
a.outPut()
dog = Dog()
dog.size = 'mid'
dog.color = 'black'
dog.run()
cat = Cat()
cat.name = 'miaomiao'
cat.run()
```

运行后输出的结果如图 6-6 所示。

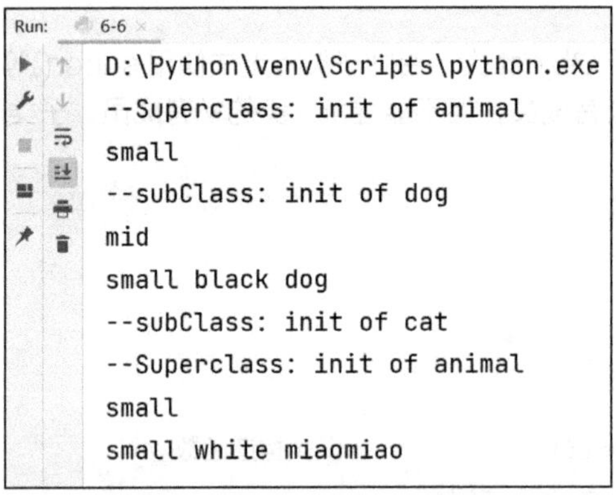

图 6-6　案例 6-6 的运行结果

2. 多重继承

Python 支持多重继承。若子类有多个父类，则父类名需要全部写在子类声明的括号里，以实现多重继承。语法格式如下。

```
class 子类名(父类名 1,父类名 2,…)
```

Python 提供了 pass 关键字，它类似于空语句，可在类、函数定义和分支结构等程序中使用。Python 还提供了 super()函数调用和父类名调用两种访问父类函数的方式。在多重继承的程序设计中，需注意这两种方式不可混合使用，否则有可能导致访问序列紊乱。

【案例 6-7】实现多重继承。

```
class Person(object):                            #定义一个表示人类的父类 Person
    def talk(self):
```

```
        print("会说话")
class Cat(object):                        #定义一个表示猫类的父类 Cat
    def catch(self):
        print("会抓老鼠")
class TomCat(Person,Cat):                 #子类 TomCat 同时继承人类和猫类
    pass

#主程序
tom_cat = TomCat()
tom_cat.talk()
tom_cat.catch()
```

运行后输出的结果如图 6-7 所示。

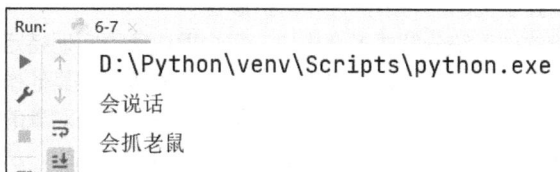

图 6-7　案例 6-7 的运行结果

3. 多态

多态是指不同对象对同一消息做出不同反应，即"一个接口，不同实现"。

按照实现方式，多态可分为编译时多态和运行时多态。编译时多态是指在程序运行前，可根据函数参数确定需要调用的函数；运行时多态是指函数名和函数参数均一致，在程序运行前并不能确定要调用的函数。

Python 的多态与其他语言不同，Python 变量属于弱类型，定义变量可以不指明变量类型，并且 Python 是一种解释型语言，不需要预编译。因此 Python 仅存在运行时多态，在程序运行时根据参数类型确定所调用的函数。

多态

【案例 6-8】实现多态。

```
class Person(object):                     #定义一个表示人类的父类 Person
    def talk(self):
        print("会说话")
class Cat(object):                        #定义一个表示猫类的父类 Cat
    def catch(self):
        print("会抓老鼠")
class TomCat(Person,Cat):                 #子类 TomCat 同时继承人类和猫类
    def talk(self,name):                  #重写父类的 talk() 方法
        print(name,"会说话")
    def catch(self,name):                 #重写父类的 catch() 方法
        print(name, '会抓老鼠')

#主程序
tom_cat = TomCat()
tom_cat.talk('TOM')
tom_cat.catch('TOM')
```

运行后输出的结果如图 6-8 所示。

图 6-8　案例 6-8 的运行结果

6.3　任务实施

面向对象编程在实际的软件项目开发中有着广泛的应用，它提供了一种组织和管理代码的方式，使得代码更加模块化，增强了代码的可维护性和可扩展性。

面向对象编程提倡将软件系统分解成多个模块，每个模块负责实现特定的功能。每个模块都可以看作一个对象，它封装了数据和行为，并提供了一个清晰的接口供其他模块使用。通过模块化开发，可以降低系统的复杂度，提高代码的可维护性和可扩展性。面向对象的继承和多态特性使得代码更加灵活和可重用。通过继承，可以创建新的类并重用现有类的代码，从而减少代码冗余。通过多态，可以以统一的方式处理不同类型的对象，从而提高代码的灵活性和可扩展性。

本节通过类的定义、类的封装与继承、对象实例化与调用等模拟塞罕坝林场的生态保护。

6.3.1　任务一：塞罕坝林场类的封装

本任务封装一个塞罕坝林场类。在此类中，构造函数负责为实例属性 forestFarmName、tree、soil 等赋值。show()方法的作用是显示该林场类中的各种属性值。初始状态下，塞罕坝林场的环境较恶劣。

【案例 6-9】根据项目需求分析并编写塞罕坝林场类。

```python
#塞罕坝林场类
class SaihanbaForestFarm:
    water = '干涸'  #类属性
    #构造函数
    def __init__(self):
        self.forestFarmName = '塞罕坝林场'
        self.tree = '无'
        self.soil = '荒漠'
    #显示信息的方法
    def show(self):
        print(self.forestFarmName,'目前种植的植被是',self.tree,', 土壤状态是',
self.soil,', 水体状态是',self.water)
```

在主程序中实例化塞罕坝林场类，并调用其实例的 show()方法。

```python
#主程序
saihanba = SaihanbaForestFarm()
saihanba.show()
```

运行结果如图 6-9 所示。

图 6-9　塞罕坝林场类的运行结果

6.3.2　任务二：林场分场类的开发

塞罕坝林场下设有多个分林场，本任务以其中的大唤起分场和北曼甸分场为例，封装其类。

首先，封装大唤起分场类。该类继承自塞罕坝林场类，并重写了父类的构造函数，从而实现对类属性的个性化定制。该类除了从父类继承来的属性，还加入了一个本类特有的属性 speciality，用于存储特产信息；定义了 showSpeciality()方法，用于输出 speciality 属性的值。

【案例 6-10】根据项目需求编写大唤起分场类 DahuanqiForestFarm。

```
#大唤起分场类
class DahuanqiForestFarm(SaihanbaForestFarm):
    #重写构造函数
    def __init__(self, forestFarmName, tree, soil, speciality):
        self.forestFarmName = forestFarmName
        self.tree = tree
        self.soil = soil
        self.speciality = speciality
    #显示特产的方法
    def showSpeciality(self):
        print(self.forestFarmName,'的特产是: ', self.speciality)
```

在主程序中实例化大唤起分场，并调用其 show()方法和 showSpeciality()方法。

```
#主程序
dahuanqi = DahuanqiForestFarm('大唤起分场', '樟子松', '微酸性', '白蘑')
dahuanqi.show()
dahuanqi.showSpeciality()
```

大唤起分场类的运行结果如图 6-10 所示。

图 6-10　大唤起分场类的运行结果

然后，封装北曼甸分场类。该类的父类也是塞罕坝林场类，并重写了父类的构造函数。该类加入了一个本类特有的属性 food，用于存储特色美食信息；定义了 showFood()方法，用于输出 food 属性的值。

根据项目需求编写北曼甸分场类 BeimandianForestFarm。

```
#北曼甸分场类
class BeimandianForestFarm(SaihanbaForestFarm):
    #重写构造函数
```

```
    def __init__(self, forestFarmName, tree, soil, food):
        self.forestFarmName = forestFarmName
        self.tree = tree
        self.soil = soil
        self.food = food
#显示特色美食的方法
    def showFood(self):
        print(self.forestFarmName,'的特色美食是: ', self.food)
```

在主程序中实例化北曼甸分场类，并调用其 show()方法和 showFood()方法。

```
#主程序
beimandian = BeimandianForestFarm('北曼甸分场', '云杉', '弱碱性', '猫耳面')
beimandian.show()
beimandian.showFood()
```

北曼甸分场类的运行结果如图 6-11 所示。

```
北曼甸分场 目前种植的植被是 云杉 ，土壤状态是 弱碱性 ，水体状态是 干涸
北曼甸分场 的特色美食是： 猫耳面


Process finished with exit code 0
```

图 6-11　北曼甸分场类的运行结果

6.3.3　任务三：环境治理方法的开发

塞罕坝林场的建设者们在"黄沙遮天日，飞鸟无栖树"的荒漠沙地上艰苦奋斗、甘于奉献，创造了荒原变林海的人间奇迹，铸就了牢记使命、艰苦创业、绿色发展的塞罕坝精神。本任务是在父类 SaihanbaForestFarm 中定义一个模拟环境治理的 protect()方法，通过改变类属性的值，改变所有实例的类属性值。

【案例 6-11】根据项目需求分析编写 protect()方法，实现环境治理功能。

```
#环境治理方法
def protect(self):
    print('='*80)
    print('发扬艰苦奋斗、甘于奉献的塞罕坝精神，进行环境治理……')
    print('=' * 80)
    self.tree = '落叶松'
    self.soil = '微酸性'
    SaihanbaForestFarm.water = '丰沛清澈'
```

在主程序中，依次实例化父类 SaihanbaForestFarm 和两个子类 DahuanqiForestFarm、BeimandianForestFarm，并调用这些实例的 show()方法。然后，调用父类实例的 protect()方法。最后，再次调用实例的 show()方法和两个子类的 showSpeciality()以及 showFood()方法。

```
#主程序
saihanba = SaihanbaForestFarm()
dahuanqi = DahuanqiForestFarm('大唤起分场', '樟子松', '微酸性', '白蘑')
beimandian = BeimandianForestFarm('北曼甸分场', '云杉', '弱碱性', '猫耳面')
```

```
saihanba.show()
dahuanqi.show()
beimandian.show()

saihanba.protect()

saihanba.show()
dahuanqi.show()
beimandian.show()
dahuanqi.showSpeciality()
beimandian.showFood()
```

运行结果如图 6-12 所示。

```
塞罕坝林场  目前种植的植被是  无 ，土壤状态是  荒漠 ，水体状态是  干涸
大唤起分场  目前种植的植被是  樟子松 ，土壤状态是  微酸性 ，水体状态是  干涸
北曼甸分场  目前种植的植被是  云杉 ，土壤状态是  弱碱性 ，水体状态是  干涸
================================================================================
发扬艰苦奋斗、甘于奉献的塞罕坝精神，进行环境治理……
================================================================================
塞罕坝林场  目前种植的植被是  落叶松 ，土壤状态是  微酸性 ，水体状态是  丰沛清澈
大唤起分场  目前种植的植被是  樟子松 ，土壤状态是  微酸性 ，水体状态是  丰沛清澈
北曼甸分场  目前种植的植被是  云杉 ，土壤状态是  弱碱性 ，水体状态是  丰沛清澈
大唤起分场  的特产是：  白蘑
北曼甸分场  的特色美食是：  猫耳面


Process finished with exit code 0
```

图 6-12　环境治理方法的运行结果

6.4　拓展创新

多态就是一种机制、一种能力，体现在类的方法调用中。多态表明变量在不知道引用对象是什么的情况下，也能够对对象进行操作。多态将根据对象（或类）的不同表现出不同的行为。多态在编译时无法确定调用的方法，运行时才可确定。当不知道对象到底是什么类型但又要对对象进行操作时，将产生多态。多态可以有多种形式。

1．运算符多态

运算符多态指参加运算的数据类型不同时，运算符表现出不同的功能。

【案例 6-12】运算符多态。

```
a = 123
b = 456
print(a + b)
a = "Happy"
b = "Day"
print(a + b)
```

在本例中，事先并不知道运算符左右两个变量是什么类型，如果为 int 类型，则进行加法运算。如果是字符串类型，则返回两个字符串拼接的结果。变量类型不同，运算符的作用也不同。运行结果如图 6-13 所示。

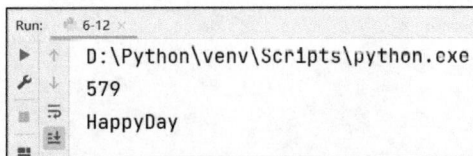

图 6-13　案例 6-12 的运行结果

2. 函数多态

Python 内置函数 repr()是函数多态的代表，repr(x)函数可以将对象 x 转化为解释器读取的形式。

【案例 6-13】输出对象长度。

```python
def length_message(a):
    print("length of", repr(a), "is", len(a))
length_message('I love python')
length_message([1,3,5,7,9,11])
```

运行结果如图 6-14 所示。

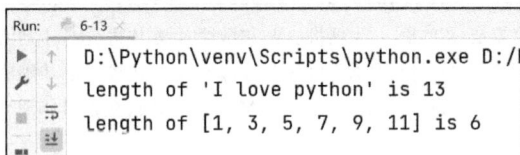

图 6-14　案例 6-13 的运行结果

6.5　项目小结

Python 是面向对象程序设计语言，具备面向对象程序设计语言的主要特征。本项目介绍了面向对象程序设计的基本方法，介绍了 Python 类的定义和调用，类的构造函数，私有方法、公有方法和静态方法，类的封装、继承和多态等。通过任务展现了面向对象编程的特点与优势，为面向对象程序设计建立了基础。

【素质拓展】使命在身，接续拼搏甘奉献的塞罕坝精神

塞罕坝位于河北省北部，曾经是茫茫荒原。半个多世纪以来，三代塞罕坝林场人以坚强的斗志和永不言败的担当，坚持植树造林，建设了百万亩人工林海。

一代代塞罕坝林场的建设者们听从召唤，在荒漠沙地上艰苦奋斗、甘于奉献，创造了荒原变林海的人间奇迹，用实际行动铸就了宝贵的塞罕坝精神。从筚路蓝缕、伏冰卧雪的创业，到不忘初心、矢志不渝的传承，塞罕坝成功营造起百万亩人工林海，创造了世界生态文明建设史上的典型。从卫星影像图上看塞罕坝百万亩人工林海，就像一只展开双翅的雄鹰，紧紧守护着京津冀和华北地区的生态安全，成为阻断风沙的屏障、含蓄水源的卫士。

塞罕坝精神代表了一种使命在身，接续拼搏甘奉献的精神，代表了不畏艰苦，奋斗创新不停步的精神，从拓荒植绿到护林营林，塞罕坝人从未停下创业的脚步；代表了绿色发展，赓续初心铸忠诚的精神，荒原变成森林。

传承好、弘扬好塞罕坝精神，持之以恒推进生态文明建设，让良好生态环境成为人民生活的增

长点、成为经济社会持续健康发展的支撑点、成为展现我国良好形象的发力点，我们就一定能建成美丽中国，让中华大地天更蓝、山更绿、水更清、环境更优美。

【课后任务】

一、填空题

1. Python 是一种基于_____思想的编程语言。

2. 在面向过程程序设计思想中，_____和_____是两个重要组成部分。

3. 面向对象的三大特征是_____、_____和_____。

4. _____是类的实例化。

5. _____是指不同对象对同一消息做出不同反应。

二、判断题

1. 方法就是在类之外定义的函数。（　　　）

2. Python 使用 class 关键字来定义类。（　　　）

3. Python 允许开发者动态地为类和对象增加成员。（　　　）

4. 子类可以继承父类的公有成员，但不能继承父类的私有成员。（　　　）

5. Python 不支持多重继承。（　　　）

三、选择题

1. 下述概念中不属于面向对象的是（　　　）。
   A. 对象、消息　　　　　　　　　　　B. 继承、多态
   C. 类、封装　　　　　　　　　　　　D. 过程调用

2. 以下代表类的构造函数的是（　　　）。
   A. __repr__()　　　B. __del__()　　　C. __len__()　　　D. __init__()

3. 若子类和父类中都有 test()方法，以下说法正确的是（　　　）。
   A. 实例化子类对象，调用 test()则执行父类 test()方法
   B. 实例化子类对象，调用 test()则执行子类 test()方法
   C. 实例化父类对象，调用 test()则执行子类方法
   D. 实例化父类或子类对象，调用 test()都会执行子类 test()方法

4. 以下不是继承的原则的是（　　　）。
   A. 子类继承父类的成员变量和成员方法
   B. 子类不继承父类的构造函数，能够继承父类的析构函数
   C. 子类不能删除父类的成员，但可以重定义父类成员
   D. 子类不可以增加自己的成员

5. 子类如何调用重写过的父类方法？（　　　）
   A. 父类名.方法名()　　　　　　　　　B. 父类名.方法名(self)
   C. 子类名.方法名()　　　　　　　　　D. 子类名.方法名(self)

6. Python 通过哪个方法实现对父类成员的访问？（　　　）
   A. up()　　　　　　B. father()　　　C. super()　　　D. self()

7. 以下关于 Python 类的说法错误的是（　　　）。
   A. 类的实例方法必须创建对象后才可以调用　B. 类的实例方法在创建对象前可以调用
   C. 类的方法可以用对象和类名来调用　　　　D. 类的静态属性可以用类名和对象来调用

8. 私有属性或方法可以在哪里被访问到？（　　）
   A. 类的内部
   B. 类的外部
   C. 类的内部和类的外部都可访问到
   D. 类的内部和类的外部都访问不到

9. 公有属性或方法可以在哪里被访问到？（　　）
   A. 类的内部
   B. 类的外部
   C. 类的内部和类的外部都可访问到
   D. 类的内部和类的外部都访问不到

10. 类的构造函数至少定义（　　）个形参。
   A. 0
   B. 1
   C. 2
   D. 3

项目7
文件——项目文件管理系统开发

07

项目描述

一个项目从计划到完成是一个复杂过程，需要多个部门配合。随着项目规模的扩大，如果没有突出的项目管理能力和高效的项目管理系统，将很难完成对项目的管理和控制，甚至最终会导致项目失败。尤其在研发类项目的管理过程中，项目文件管理是不可缺少的一个环节，贯穿于项目管理的整个生命周期。它不仅在项目进行过程中起到规范行为、沟通信息、记录备份等作用，还为项目经理提供了了解项目进度、查看项目问题等的管理依据，但若做不好项目文件的管理工作，势必造成整个项目管理的混乱。

因此，从项目立项之初直至项目结束的项目文件管理是项目管理的重要内容之一。项目文件管理的价值体现在以下几个方面。

（1）知识积累。可以避免人员调动、员工离职等带来的知识的流失；构建和规范项目文件库。

（2）知识安全。可以保护文件隐私，避免信息泄露。对权限的设置更加严格。

（3）文件质量。可以创建项目的知识体系和脉络，有效保证文件的正确性，降低质量事故发生率。

（4）成果交付。项目文件作为项目交付物，是项目验收的依据。尤其对研发类项目而言，最后的交付物基本都是各类文件。

7.1 任务导入

项目文件保存着项目的重要资料，相应操作包括打开、读写、保存、关闭等。不同的操作需要使用不同的函数，并根据文件的操作需求传入不同的参数。在涉及文件整体管理时，还会用到 Python 提供的内置 os 模块。

知识目标

① 掌握文件的打开和关闭方法。

② 掌握文件内容的读取和修改方法。

③ 掌握 os 模块的使用方法。

能力目标

① 学会读写文本文件的方法和步骤。

② 能够根据实际需求选择、运用合适的打开文件的方法。

③ 能够根据实际需求灵活使用 os 模块的函数。

学习任务

任务一：项目文件的新建。

任务二：项目文件的修改。

任务三：项目文件的管理。

7.2 相关知识

文件为程序提供了持久化数据、交换数据、记录日志、配置参数、备份数据的功能，是许多应用程序的基础和核心。文件操作允许程序将数据存储在文件中，使其在程序退出后得以保留。这种数据持久化的能力是许多应用程序的基础，例如文本编辑器、数据库系统、配置文件等都依赖文件操作来保存和读取数据。文件操作使得程序可以对文件进行读取、写入、修改和删除等操作，然后能够在不同的环境或系统之间进行传输和交换。通过文件操作，程序可以将数据以文件的形式导出到其他系统，或者从其他系统导入数据。

7.2.1 文件的打开与关闭

1. 文件的打开

Python 在读取文件前后必须执行打开文件和关闭文件的操作。只有打开文件之后才能对文件内容进行读取，并且读取后必须将文件关闭，否则会出现其他程序无法访问该文件的情况。

文件的打开与关闭 1　文件的打开与关闭 2　文件的打开与关闭 3

打开文件使用 open()方法，使用格式如下。

```
open(file, mode='r', encoding=None)
```

该方法的常用参数含义如下。

- file：指定要打开的文件。
- mode：指定文件打开模式（文件常用的打开模式如表 7-1 所示）。
- encoding：指定文件的编码方式（此参数只对文本文件有效）。

表 7-1　文件常用的打开模式

模式	说明
r	读模式（默认模式，可省略），如果文件不存在则抛出异常
w	写模式，如果文件已存在，先清空原有内容
x	写模式，创建新文件，如果文件已存在则抛出异常
a	追加模式，不覆盖文件原有内容
b	二进制模式（与r、w、x、a 模式组合使用）
t	文本模式（默认模式，可省略，与r、w、x、a 模式组合使用）
+	在原功能基础上增加读写功能（与r、w、x、a 模式组合使用）

【案例 7-1】在项目管理系统中，很多项目成员对文件只有查看的权限，而不能进行文件的修改。因此，当这类成员打开文件时，就需要用只读的模式打开。

```
fs=open("项目进度情况.txt",'r')    #以只读模式打开当前路径下的文件"项目进度情况.txt"
```

这里需要注意的是，在打开文件时，有一个非常重要的路径概念。Python 能够识别两种文件路径：绝对路径和相对路径。

（1）绝对路径。

绝对路径是指文件在硬盘上从根目录开始的完整路径，用户基本上不需要其他任何信息就可以根据绝对路径判断出文件的位置。比如，命令提示符程序的路径如下。

```
C:\windows\system32\cmd.exe
```

在 Windows 操作系统中，绝对路径是以盘符开始的。

【案例 7-2】在项目管理系统中，"项目进度情况.txt"保存在 D 盘的"项目"文件夹下。打开这个文件时，就需要用绝对路径。

```
fs=open("D:\项目\项目进度情况.txt",'r')     #打开指定绝对路径下的文件
```

（2）相对路径。

与绝对路径对应的是相对路径。相对路径更像是一种路径关系，它表示文件相对于当前所在路径的位置。Python 中相对路径有如下两种表示方式。

- "./"表示当前所在的路径。
- "../"表示当前所在路径的上一层路径。

【案例 7-3】在项目管理系统中，"项目进度情况.txt"保存在 D 盘的"项目"文件夹下。而此时项目管理系统的执行文件在 D 盘，可以用相对路径打开文件。

```
fs=open("./项目/项目进度情况.txt",'r')     #打开相对路径下的文件
```

这里需要注意的是，在以读模式打开文件时，若因网络未连通、文件目录错误、文件名错误等问题 Python 程序未能找到该文件，则程序会出现错误提示。

【案例 7-4】在项目管理系统中，"项目进度情况.txt"保存在 D 盘的"项目"文件夹下。打开这个文件时，由于文件名称输入错误，会产生错误提示。

```
fs=open("D:\项目\项目进度情况1.txt",'r')     #文件名称输入错误
```

此时，系统会提示如下内容。

```
Traceback (most recent call last):
    File "E:\program\pythonfile\pythonProject\main.py", line 1, in <module>
        fs=open("D:\项目\项目进度情况1.txt",'r')
FileNotFoundError: [Errno 2] No such file or directory: 'D:\\项目\\项目进度情况1.txt'
```

2. 文件的关闭

当完成对文件的操作后，需要适当地关闭相关文件。主要原因有以下两点。

- 释放与该文件绑定的资源。如果打开文件数超过系统限制，由于系统内存有限或其他因素，再打开文件就会失败。
- 将写缓存同步到磁盘。当写文件时，操作系统往往不会立刻把数据写入磁盘，而是放到内存缓存起来，空闲的时候再慢慢写入。只有调用 close()方法，操作系统才会把没有写入的数据全部写入磁盘。忘记调用 close()方法的后果是数据可能只写了一部分到磁盘，剩下的丢失了。

可见，文件关闭操作非常重要。在 Python 中，关闭文件使用 close()方法。其语法如下。

```
file.close()     #关闭文件
```

【案例 7-5】在项目管理系统中，项目进度情况会定期更新。在更新完成后，需要关闭对应文件。

```
fs=open("D:\项目\项目进度情况.txt",'r')  #以写模式打开文件
pass                                     #进行文件操作
fs.close()
```

3. 更具特色的文件打开方式

除了 open()方法，Python 中还有一种更具特色的文件打开方式。其语法格式如下。

```
with open(file_name, mode ='r', encoding =none) as file:
    <语句块>
```

其中，with 和 as 为固定的关键字，open 后括号中参数的作用与 open()方法参数的作用基本一致。需要注意的是，与 open()方法相比，使用 with...as...方式打开文件更加可靠，因为它会在文

件打开出错时自动关闭文件，示例如下。

【案例 7-6】以 with...as...的方式完成案例 7-2 的操作。

```
with open("D:\项目\项目进度情况.txt",'r') as file
```

with...as...不仅支持一次打开一个文件，还支持一次打开两个文件，其使用格式如下。

```
with open(filename,mode) as file1,open(filename,mode) as file2:
    <语句块>
```

【案例 7-7】利用 with...as...实现文件的备份。

```
with open("D:\项目\项目进度情况.txt",'r') as src, open("D:\项目\项目进度情况
bak.txt",'w') as dst:
    dst.write(src.read())
```

7.2.2　文件内容的读写

打开文件的目的是浏览文件或更新文件。Python 提供了相应的方法，以便用户对文件内容进行读取。

1. 读文件

（1）read()方法。

7.2.1 中所有案例都打开了相关文件，但文件中的内容到底是什么？又如何显示到屏幕上？此时，就需要使用 read()方法。

read()方法能够一次性读取文件的全部内容。当以读模式打开文件时，read()方法会从头开始读取文件内容，直到文件结束。read()方法将读取的文件内容以字符串对象的形式保存在内存中，并将其作为返回值返回。

读文件

【案例 7-8】假设在计算机的"D:\项目"路径下有一个"项目进度情况.txt"文件，内容如图 7-1 所示。用 Python 程序读出该文件的内容。

图 7-1　项目进度情况.txt

```
fs=open("D:\项目\项目进度情况.txt",'r')        #以读模式打开文件
print(fs.read())                               #读取文件操作
fs.close()                                     #关闭文件
```

该程序的运行结果如图 7-2 所示。

```
"D:\Program Files\Python39\python.exe" E:/program/pythonfile/pythonProject/main.py
1.立项
2.签订合同

Process finished with exit code 0
```

图 7-2　读取"项目进度情况.txt"文件的内容

可以发现输出内容与"项目进度情况.txt"文件中存放的内容完全一致。最后，在结束对文件的读取操作后，要使用 close()方法关闭文件。

（2）read(size)方法。

使用 read()方法简单快捷，但只能读取文件的全部内容。而在实际项目中，有时可能并不需要读取文件的全部内容，又或者文件实在太大，全部读取将会超出计算机的内存上限（read()方法读取的内容都将存放在内存中）。考虑到这些问题，read()方法设置了一个 size 参数，表示一次从文件中读取的字节数。当用户只想读取文件的部分内容时，就可以利用 read()方法的 size 参数。

【案例 7-9】从"项目进度情况.txt"文件中一次性读取 5 个字节的内容。

```
fs=open("D:\项目\项目进度情况.txt",'r')    #以读模式打开文件
print(fs.read(5))                          #读取 5 个字节的内容
fs.close()                                 #关闭文件
```

该程序的运行结果如图 7-3 所示。

```
"D:\Program Files\Python39\python.exe" E:/program/pythonfile/pythonProject/main.py
1.立项

Process finished with exit code 0
```

图 7-3　读取"项目进度情况.txt"文件中 5 个字节的内容

采用字节数读取文件时需要注意以下两点。

• 在计算机中，一个英文字符或一个空格符占一个字节。在 Python 中，换行符也占一个字节，因此在按字节数读取文件时必须考虑到换行符的问题。

• 如果不小心将一个负数作为 read()方法的参数，它将会读取文件的所有内容。因此，下面两条调用 read()方法的语句得到的结果是相同的。

```
print(file.read(-1))     #读取全部内容
print(file1.read())      #读取全部内容
```

（3）readline()方法。

虽然 read()方法配合其参数使用可以读取指定字节数的文件内容，但在不知道文件内容的情况下，很难准确地通过字节数读取想要的文件内容。于是 Python 提供了一种更简洁的文件读取方法，即 readline()方法。

readline()方法一次性仅返回文件的一行内容。

【案例 7-10】从"项目进度情况.txt"文件中读取两行内容。

```
fs=open("D:\项目\项目进度情况.txt",'r')    #以读模式打开文件
print(fs.readline())                       #读取第 1 行的内容
print(fs.readline())                       #读取第 2 行的内容
fs.close()                                 #关闭文件
```

该程序的执行结果如图 7-4 所示。

```
"D:\Program Files\Python39\python.exe" E:/program/pythonfile/pythonProject/main.py
1.立项

2.签订合同

Process finished with exit code 0
```

图 7-4　用 readline()方法读取"项目进度情况.txt"文件的内容

需要注意的是，在上述程序中调用 readline()方法读取的文件内容本身带有换行符，而 print 语句在输出内容时又会自动添加一个换行符，所以最终输出了两个换行符，如图 7-4 所示。

另外，如果要读取文件的全部内容，那么要一条 print 语句、一条 print 语句地写吗？显而易见，结合之前学的程序的循环结构，可以把案例 7-10 的程序用循环结构进行编写。使用 for 循环就可以遍历文件中的全部内容了，每遍历一次就输出一行内容。

【案例 7-11】 采用循环结构从"项目进度情况.txt"文件中读取全部内容。

```
fs=open("D:\项目\项目进度情况.txt",'r')    #以读模式打开文件
for line in fs:                          #遍历文件中的每一行内容
    print(line)                          #输出所遍历的内容
fs.close()                               #关闭文件
```

该程序的运行结果如图 7-5 所示。

```
"D:\Program Files\Python39\python.exe" E:/program/pythonfile/pythonProject/main.py
1.立项

2.签订合同

Process finished with exit code 0
```

图 7-5　用循环结构读取"项目进度情况.txt"文件的全部内容

（4）readlines()方法。

Python 除了提供了一次性只能读取一行内容的 readline()方法，还提供了一个一次性读取多行内容的方法——readlines()方法。readlines()方法能够逐行读取文件的内容，直到文件末尾。但与 readline()函数不同的是，readlines()方法读取的内容会以列表的形式返回，列表的一个元素为文件中的一行内容。

【案例 7-12】 采用 readlines()方法从"项目进度情况.txt"文件中读取全部内容。

```
fs=open("D:\项目\项目进度情况.txt",'r')    #以读模式打开文件
file=fs.readlines()                      #用 readlines()方法一次性读取全部内容
    print(file)                          #输出所有内容
fs.close()                               #关闭文件
```

该程序的运行结果如图 7-6 所示。

```
"D:\Program Files\Python39\python.exe" E:/program/pythonfile/pythonProject/main.py
['1.立项\n', '2.签订合同']

Process finished with exit code 0
```

图 7-6　用 readlines()方法读取"项目进度情况.txt"文件的全部内容

从图 7-6 可以看出，readlines()方法读取文件时虽然一次性读取了文件的全部内容，但其返回值是由文件中每一行内容组成的列表。

（5）文件指针。

从前面的案例可以看出，以读模式进行文件的读取时，所有文件都是从头开始读取的。Python 提供了一个能够对文件的读取位置进行标记、判断的功能，即文件指针。在指针的作用下，使用读模式读取文件时，文件指针便指向文件内容的起始位置，当文件对象第一次使用 readline()方法时，文件指针就会为 readline()方法指明正确的起始位置。而调用了 readline()方法后，文件指针便会更新自身位置，由于 readline()方法的作用是读取一行文本内容，很容易推断出文件指针更新到了下一行。

使用 seek()方法可将文件指针移动到文件的某个位置。

【案例 7-13】采用 seek()方法从"项目进度情况.txt"文件中读取第二行内容。

```
fs=open("D:\项目\项目进度情况.txt",'r')    #以读模式打开文件
file.seek(8)                              #将文件指针移到第二行
file=fs.readline()                        #用 readline()方法读取一行内容
print(file)                              #输出读取内容
fs.close()                              #关闭文件
```

该程序的运行结果如图 7-7 所示。

```
"D:\Program Files\Python39\python.exe" E:/program/pythonfile/pythonProject/main.py
2.签订合同

Process finished with exit code 0
```

图 7-7   用 seek()方法移动指针后读取"项目进度情况.txt"文件的内容

seek()方法的参数代表从文件内容的初始位置开始所移动的字节数，这个参数必须是一个整数。也就是说 seek()方法将文件指针重置到距离文件起始位置参数值个字节的地方。在该例中，为 seek()方法传递了参数 8。相当于重置文件指针到与初始位置相距 8 个字节的位置。之后，调用 readline()方法就相当于从第二行开始读取文件内容。

（6）文件编码的问题。

在读取文本文件时，有时会出现图 7-8 所示的错误。

```
"D:\Program Files\Python39\python.exe" E:/program/pythonfile/pythonProject/main.py
Traceback (most recent call last):
  File "E:\program\pythonfile\pythonProject\main.py", line 3, in <module>
    file=fs.readline()                          #用readlines()方法一次性读取全部内容
UnicodeDecodeError: 'gbk' codec can't decode byte 0xae in position 8: illegal multibyte sequence

Process finished with exit code 1
```

图 7-8   读取文本文件时出现的错误

此时，可以回过头来再看前面 open()方法中的几个参数。其中，encoding 参数表示的是文件的编码格式。如果文本文件的编码格式不对，则会导致上述问题。

有两种方式可以修改上述错误。

① 改变文本文件的编码格式。

将图 7-9（a）所示的编码格式换成图 7-9（b）所示的编码格式，则报错消除。

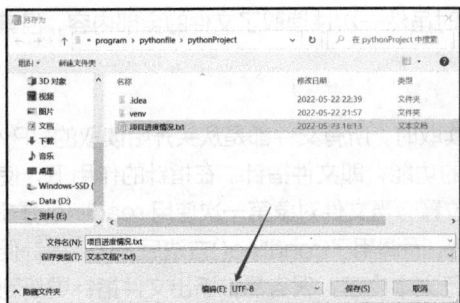

（a）编码格式为 UTF-8　　　　　　　（b）编码格式为 ANSI

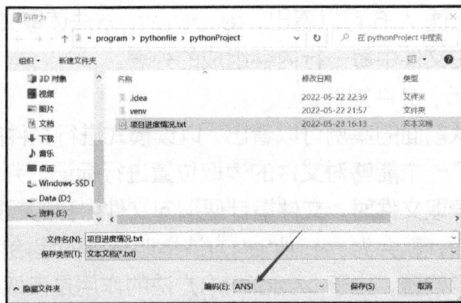

图 7-9　改变编码格式

② 在程序中，加上 encoding 参数。

不改动文本文件，在程序的 open()方法中加入 encoding 参数。

```
fs=open("D:\项目\项目进度情况.txt",'r',encoding='UTF-8')    #增加编码格式参数
```

报错同样可以消除。

2. 写文件

在打开文件时，open()方法的 mode 参数就已经明确了是读文件，还是写文件。对于写文件，有以下几种方式进行文件的修改。

（1）write()方法。

格式：文件对象.write(s)。

功能：把字符串 s 写入文件中。

① 每写入一个字符串，文件内部位置指针就向后移动到末尾，指向下一个待写入的位置。

② 写入内容时，系统不会添加换行符，如需换行，可在字符串 s 中加入相应的换行符。

③ 在交互模式下写入成功时返回本次写入文件中的字节数。

④ 对于写文件，存在覆盖性写入和追加性写入两种模式。

（2）覆盖性写入文件内容。

当 mode='w'时，文件就进入覆盖性写入模式，即如果从头开始写文件，文件原有内容会被删除。同时，如果文件不存在，则先创建文件。

可以看出，写模式有一个数据的安全隐患：当使用写模式创建文件对象后，即使打开文件后不做任何操作就关闭文件，文件内容也会被清空。

【案例 7-14】采用 mode='w'对文件进行覆盖性写入。

```
fs=open("D:\项目\项目进度情况.txt",'w')    #以写模式打开文件
fs.write("3. 需求分析")                      #往文件里写入内容
fs.close()                                   #关闭文件
fs=open("D:\项目\项目进度情况.txt",'r')    #以读模式打开文件
file=fs.read()                               #用 read()方法读取全部内容
print(file)                                  #输出读取的内容
```

该程序的运行结果如图 7-10 所示。

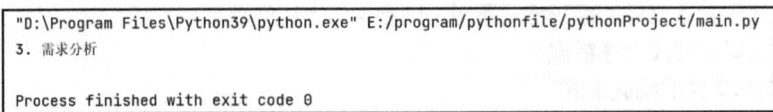

```
"D:\Program Files\Python39\python.exe" E:/program/pythonfile/pythonProject/main.py
3. 需求分析

Process finished with exit code 0
```

图 7-10　用 mode='w'写入文件，会发生覆盖原内容的情况

可见，原文件中的内容被删除，只剩下新加入的内容。

（3）追加性写入文件内容。

覆盖性写入在很多时候并不会用到，因为它会将文件原有的内容删除，在日常编程中常用到的是追加性写入。追加性写入的打开模式为 a，该模式可以进行内容追加，即在打开文件时，设置 mode='a'。

【案例 7-15】采用 mode='a'对文件进行追加性写入。

```
fs=open("D:\项目\项目进度情况.txt",'a')      #以追加模式打开文件
fs.write("3. 需求分析")                      #往文件里写入内容
fs.close()                                   #关闭文件
fs=open("D:\项目\项目进度情况.txt",'r')      #以读模式打开文件
file=fs.read()                               #用 read()方法读取全部内容
print(file)                                  #输出读取内容
```

该程序的运行结果如图 7-11 所示。

```
"D:\Program Files\Python39\python.exe" E:/program/pythonfile/pythonProject/main.py
1. 立项
2. 签订合同
3. 需求分析

Process finished with exit code 0
```

图 7-11　用 mode='a'写入文件，不会发生覆盖文件原内容的情况

可见，原文件中的内容未被删除，而是在已有内容后面增加了新的内容。

（4）wirtelines()方法。

用 write()方法一次只能写入一个字符串，如果想一次写入多个字符串，可将这多个字符串放入一个列表中，然后利用 writelines()方法写入。同样，该方法也不会自动添加换行符。writelines()方法的语法格式如下。

```
file.writelines(slist)
```

可见，wirtelines()方法是把字符串列表 slist 写入文本文件中。

【案例 7-16】在项目文件中加入以下两行内容。

4. 概要设计

5. 详细设计

```
fs=open("D:\项目\项目进度情况.txt",'a')          #以追加模式打开文件
slist = ['4. 概要设计\n', '5. 详细设计\n']        #增加字符串列表
fs.writelines(slist)                             #往文件里写入内容
fs.close()                                       #关闭文件
fs=open("D:\项目\项目进度情况.txt",'r')          #以读模式打开文件
file=fs.read()                                   #用 read()方法读取全部内容
print(file)                                      #输出读取内容
```

该程序的运行结果如图 7-12 所示。

```
"D:\Program Files\Python39\python.exe" E:/program/pythonfile/pythonProject/main.py
1. 立项
2. 签订合同
3. 需求分析
4. 概要设计
5. 详细设计


Process finished with exit code 0
```

图 7-12　用 wirtelines()方法将字符串列表写入文件

139

7.2.3 文件的保存路径

os 模块提供了大多数操作系统的功能接口函数。当 os 模块被导入后，它会自适应不同的操作系统平台，根据当前平台进行相应的操作。在 Python 编程中，处理文件、目录是常见的任务，这时就离不了 os 模块和 os.path 模块。

os 模块

1. os 模块
os 模块常用的方法及功能说明如表 7-2 所示。

表 7-2　os 模块常用的方法及功能说明

方法	说明
remove(fn)	删除指定文件 fn，如果文件不存在则抛出异常
rename(src,dst)	重命名文件
getcwd()	获取当前目录
listdir([path])	返回当前目录或指定目录下的所有文件和子目录
mkdir(path)	创建一个目录
rmdir(path)	删除指定目录（要删除的目录必须为空目录）
chdir(path)	改变当前目录

目录操作包含创建文件夹、删除文件夹、改变文件夹名称等操作。

【案例 7-17】在 D 盘"项目"文件夹下创建"项目 2"和"项目 3"两个文件夹。然后，把"项目 3"文件夹重命名为"项目 2 的备份"，删除"项目 2"文件夹。

```
import os                                        #导入 os 模块
os.mkdir('d:/项目/项目 2')                        #创建"项目 2"文件夹
os.mkdir('d:/项目/项目 3')                        #创建"项目 3"文件夹
os.listdir('d:/项目')                            #查看上述文件夹是否创建成功
os.rename('d:/项目/项目 3','d:/项目/项目 2 的备份')  #重命名文件夹
os.rmdir('d:/项目/项目 2')                        #删除"项目 2"文件夹
os.listdir('d:/项目')                            #查看剩余文件夹
```

上述程序的运行结果如图 7-13 所示。

```
"D:\Program Files\Python39\python.exe" E:/program/pythonfile/pythonProject/main.py
['项目2', '项目3']
['项目2的备份']

Process finished with exit code 0
```

图 7-13　目录（文件夹）的创建、删除操作

从图 7-13 可以看出，程序先创建了文件夹"项目 2"和"项目 3"，但随后，"项目 3"文件夹被重命名为"项目 2 的备份"，而"项目 2"文件夹被删除了。

os.path 模块

2. os.path 模块
os.path 模块主要用于获取文件的属性。
os.path 模块常用的方法及功能说明如表 7-3 所示。

表 7-3 os.path 模块常用的方法及功能说明

方法	说明
abspath(path)	返回指定路径的绝对路径
basename(path)	返回指定路径的文件名
dirname(path)	返回指定路径的目录名
exists(path)	判断给定的路径或文件是否存在
isabs(path)	判断给定的路径是否为绝对路径
isdir(path)	判断给定的路径是否为目录
isfile(path)	判断给定的路径是否为文件
getsize(path)	获取给定路径的大小
getctime(path)	获取路径创建时间
getmtime(path)	获取路径修改时间
getatime(path)	获取路径最后一次访问时间

【案例 7-18】查看 D 盘中"项目"文件夹下文件"项目进度信息.txt"的信息。

```
import os.path                                              #导入 os.path 模块
print(os.path.abspath('d:/项目'))                           #返回指定路径的绝对路径
print(os.path.basename('d:/项目/项目进度信息.txt'))          #返回文件名
print(os.path.dirname('d:/项目/项目进度信息.txt'))           #返回目录名
print(os.path.exists('d:/项目/项目费用信息.txt'))            #判断文件是否存在
print(os.path.isabs('d:/项目/项目进度信息.txt'))             #判断是否是绝对路径
print(os.path.isdir('d:/项目/项目进度信息.txt'))             #判断是否是目录
print(os.path.isfile('d:/项目/项目进度信息.txt'))            #判断是否是文件
print(os.path.getsize('d:/项目/项目进度信息.txt'))           #获取文件大小
print(os.path.getctime('d:/项目/项目进度信息.txt'))          #返回文件的创建时间戳
print(os.path.getmtime('d:/项目/项目进度信息.txt'))          #返回文件的修改时间戳
print(os.path.getatime('d:/项目/项目进度信息.txt'))          #返回文件的最后一次访问时间戳
```

上述程序的运行结果如图 7-14 所示。

```
"D:\Program Files\Python39\python.exe" E:/program/pythonfile/pythonProject/main.py
d:\项目
项目进度信息.txt
d:/项目
False
True
False
True
45
1653315453.3554776
1653315473.4886057
1653315473.4886057

Process finished with exit code 0
```

图 7-14 文件信息的查询

7.3 任务实施

文件在实际的软件项目开发中有着广泛的应用场景。软件系统的数据库连接信息、应用程序参数、日志等通常都使用文件的形式来存储。另外，数据备份、数据导入与导出、文件传输、数据缓存等功能都依赖于文件操作来实现。本节通过 Python 的文件操作来实现项目文件管理系统的基本功能。

7.3.1 任务一：项目文件的新建

项目文件是项目管理的基础，项目进度、项目费用、项目风险、项目人员等都有相关的文件。为了给项目管理提供必要的资料保证，需开发项目文件子系统对文件进行管理。

【案例 7-19】项目文件从项目立项开始就存在了。所以，需要先创立相关的项目文件，所涉及的项目文件包括进度文件、费用文件、人员信息等，其以文本文件、Excel、Word 或者其他的形式保存。这里以文本文件为例，假设需要将项目进度情况以文本文件的形式进行保存。

```
fs=open("D:\项目\项目进度情况.txt",'w')    #以写模式打开当前路径下的文件"项目进度情况.txt"
fs.close
```

程序运行完成后，可以在资源管理器中查看 D 盘的内容，如图 7-15 所示。

图 7-15　新建"项目进度情况.txt"文件

作为一个新建系统，之前是没有"项目进度情况.txt"文件的。因此，虽然使用的是 open()方法，但在写模式下 Python 会自动在规定目录下创建一个新的文本文件。

本任务采用了绝对路径，即直接在 D 盘建立项目文件夹，然后在文件夹下建立"项目进度情况.txt"文件。

7.3.2 任务二：项目文件的修改

项目文件会随着项目的进度动态变化。以软件项目为例，在整个项目生命周期中，项目可分为项目立项、项目需求分析、项目中标、签订合同、概要设计、详细设计等环节。每个环节还可根据实际情况进行细分。因此，当项目进度发生变化时，项目进度情况文件就要随之进行相应的修改，否则就无法为项目管理提供依据。

【案例 7-20】假设在项目立项后，经过需求分析、招标投标等环节，公司与甲方签订了项目合同。此时，应该对项目进度情况文件进行相应的修改。在进行修改前，项目进度情况文件中应该包含前面的几个环节，如图 7-16 所示。

图 7-16　现有项目进度情况

下面对该文件进行修改，加入"签订合同"环节。此时需要注意的是，在修改该文件时，应该采用追加性写入的模式，而不是覆盖性写入的模式。另外，为了保证追加完内容后，文件不会出现乱码，应提前查看该文本文件的编码格式，如图 7-17 所示。

图 7-17　查看现有文件的编码格式

```
fs=open("D:\项目\项目进度情况.txt",'a',encoding='UTF-8')
fs.write("2022.6.18　签订合同\n")
fs.close
```

程序运行完成后，再次打开"项目进度情况.txt"文件，可以看到其内容进行了更新，如图 7-18 所示。

图 7-18　"项目进度情况.txt"内容进行了更新

其他的文件均可采用这种方式进行内容的更新。

7.3.3　任务三：项目文件的管理

因为项目文件非常重要，所以平时还需要对文件进行备份，以便文件损坏或不小心把数据弄错后进行恢复。

【案例 7-21】对文本文件进行备份时，可将它们保存在不同的分区中。假设需要将"D：\项目\项目进度情况.txt"在"E：\项目备份"中以同样的名字进行备份，这其实相当于在 E 盘创建一个目录（文件夹），然后将"项目进度情况.txt"文件复制到该目录下。

采用 shutil 模块，直接调用该模块中的 copy()函数，即可完成上述功能。代码如下。

143

```
import os
import shutil
os.mkdir("E:/项目备份")
shutil.copy("D:\项目\项目进度情况.txt","E:\项目备份")
```

程序运行完成后，可以在资源管理器中查看 E 盘的内容，如图 7-19 所示。

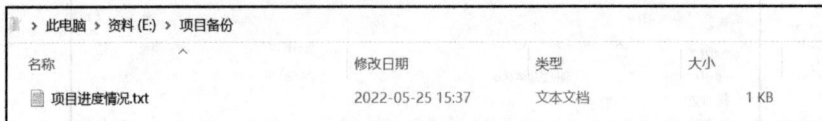

> 此电脑 > 资料 (E:) > 项目备份			
名称 ^	修改日期	类型	大小
📄 项目进度情况.txt	2022-05-25 15:37	文本文档	1 KB

图 7-19　备份"项目进度情况.txt"文件

7.4 拓展创新

CSV（Comma-Separated Values）是一种通用的、相对简单的文件格式，在商业和科学领域广泛使用，尤其是在数据库或电子表格中，常见的导入、导出文件格式就是 CSV 格式。CSV 文件的保存规则如下。

- 以行为单位。
- 每行表示一条记录。
- 以英文逗号分隔每列数据（如果数据为空，逗号也要保留）。
- 列名通常放置在文件第一行。

使用 Python 对 CSV 文件进行处理时，基本操作步骤如下。

（1）导入 csv 模块。

（2）使用 csv 模块的 open()方法以写模式打开文件。

（3）实例化一个写入对象 writer。

（4）使用 writerow()方法写入一条记录。

CSV 文件的处理 1

CSV 文件的处理 2

【**案例 7-22**】打开人事系统中的 info.csv 文件，查看里面的内容，并将赵六的信息添加进去。

info.csv 文件的内容如下。

```
姓名,年龄,职业,家庭住址,工资
张三,22,厨师,北京,6000
李四,30,程序员,深圳,10000
王五,28,摄影师,上海,5000
```

（1）读取表头。

```
import csv
with open("info.csv") as f:
    reader = csv.reader(f)
    rows=[row for row in reader]
    print(rows[0])
```

运行结果如图 7-20 所示。

```
"D:\Program Files\Python39\python.exe" E:/program/pythonfile/项目文档管理系统/main.py
['姓名', '年龄', '职业', '家庭住址', '工资']

Process finished with exit code 0
```

图 7-20　读取 CSV 文件中表头的结果

（2）读取文件中某一列的数据。

```
import csv
with open("info.csv") as f:
    reader = csv.reader(f)
    column=[row for row in  reader]
    print(column[1])
```

运行结果如图 7-21 所示。

```
"D:\Program Files\Python39\python.exe" E:/program/pythonfile/项目文档管理系统/main.py
['张三', '22', '厨师', '北京', '6000']

Process finished with exit code 0
```

图 7-21 读取 CSV 文件中某一列数据的结果

（3）向 CSV 文件写入数据。

```
import csv
with open("info.csv",'a') as f:
    row=['赵六','23','文员','上海','5000']
    write=csv.writer(f)
    write.writerow(row)
    print("写入完毕! ")
```

运行结果如图 7-22 所示。

```
"D:\Program Files\Python39\python.exe" E:/program/pythonfile/项目文档管理系统/main.py
写入完毕!

Process finished with exit code 0
```

图 7-22 向 CSV 文件写入数据的结果

7.5 项目小结

项目文件管理从项目立项之初就伴随着项目的每一个阶段，直至项目结束。因此，项目文件管理是项目管理中非常重要的内容之一。本项目的 3 个任务通过调用相关方法，实现对文件的打开、关闭、修改、保存等操作，从而完成对项目中重要文件的管理工作。

【素质拓展】文件保密的重要性

随着网络的高速发展和信息技术的不断进步，文件的保密工作难度越来越大，遭遇的挑战也越来越多。各类重要文件的保密工作不仅关系到企业的利益，还关系到员工的个人利益。

世界上有很多公司因为机密文件的内容被泄露，或者一个重要客户的机密文件被泄露产生重大损失，甚至倒闭。因此，文件保密工作不仅需要相关制度，还需要领导及全体同事的重视。有了制度还不够，还要执行制度，让制度监管我们的工作。从公司角度出发，要做好保密工作，首先，要监管好能接触到机密文件的人员。凡产生公司机密事项的部门要遵照国家和公司有关保密规定实行责任制严格执行登记制度和专人、专柜保管制度。其次，要管理好存放机密文件或机密技术的各类储存物，特别机密的要用密码柜保存。最后，要坚决开展相关文件保密教育工作，使全体员工树立保密意识。

【课后任务】

一、填空题

1. Python 中使用_____方法打开文件。
2. Python 中通常使用_____和_____两种文件路径。
3. Python 中使用_____方法来一次性读取一行内容。
4. 在打开文件时，使用_____模式可以追加内容而不覆盖原有内容。
5. 可以调用_____模块对文件夹等进行操作。

二、判断题

1. 读取文件之前必须打开文件。（   ）
2. 打开文件时使用写模式不会清空文件原有内容。（   ）
3. 文件关闭后，可以释放相关的系统资源。（   ）
4. 使用 read()方法能够一次性读取文件的全部内容。（   ）
5. 可以使用 os.path.exists()方法来删除文件。（   ）

三、选择题

1. 以下选项中，不是 Python 中文件的打开模式的是（   ）。
   A. r   B. +   C. w   D.c
2. 以下不是 Python 对文件进行写操作的方法的是（   ）。
   A. writelines()   B. write()   C. writetext()   D. write()和 seek()
3. 以下不是文件对象提供的读操作的方法的是（   ）。
   A. read()   B. readline()   C. readlines()   D. readcontent()
4. 重新命名"test"文件的方法是（   ）。
   A. os.rmdir('test')   B. os.listdir("test")
   C. os.stat("test")   D. os.rename("test","new name")
5. 下列关于 os 模块中方法的功能叙述正确的是（   ）。
   A. os.remove()删除文件   B. os.unlink()重命名文件
   C. os.listdir()改变当前工作目录   D. os.chdir()列出指定目录下的所有文件

项目8

异常处理
——系统异常处理预案

08

项目描述

任何一个软件项目在开发过程中总会产生或大或小的错误,这时系统就出现了异常。有些异常影响较小,即使发生了,软件的主要功能也不会受到影响。但有些异常影响可能就比较大,不仅会造成软件丧失其主要功能,还会导致计算机出现蓝屏、内存不足、死机等严重问题。

因此,在进行软件项目开发时,需要对可能的异常进行防范与管理,尽可能减少异常的发生,或者在异常无法避免时,降低它给系统功能带来的影响。

为了保证程序的健壮性与容错性,即在遇到异常时程序不会崩溃,需要对异常进行处理。可以通过编写特定的代码来捕捉异常,如果捕捉成功则进入另外一个处理分支,执行为其定制的逻辑,避免程序崩溃,从而保证程序按照设定的逻辑执行完毕。

8.1 任务导入

无论是在日常工作中,还是在软件项目开发过程中,异常都是我们不希望看到的。本项目的主要任务是让读者能够正确地认识异常,学会异常处理机制和各种异常处理结构的使用方法,从而能够在异常出现时正确处理,进一步提高系统的健壮性。

知识目标

① 掌握常见的异常。
② 掌握捕获与处理异常的语法结构。
③ 掌握抛出异常的语法结构。

能力目标

① 学会处理异常的方法和步骤。
② 能够根据实际需求选择捕获与处理异常的方法。
③ 能够根据实际需求灵活抛出异常。

学习任务

任务一:系统异常感知功能的开发。
任务二:系统异常预案处理功能的开发。
任务三:系统异常预案优化功能的开发。

8.2 相关知识

在软件项目开发中,系统的健壮性是软件质量的重要衡量指标。进行异常处理可以使程序更加健壮,能够更好地应对各种异常情况。当程序运行遇到意外情况(如空指针引用、数组越界、文件不存在等）时，如果没有进行适当的异常处理，程序可能会崩溃或产生不可预料的行为。进行异常处理可以捕获并处理这些异常，使程序能够继续正常运行。同时，进行异常处理可以方便调试和排除故障，提高代码的可维护性，保护程序的安全性和数据完整性，从而降低代码的维护成本，避免程序因为异常而暴露敏感信息或造成数据丢失及损坏。

8.2.1 异常捕获

1. 程序错误类型

在编写程序时，无论怎么仔细，都会不可避免地产生一定的错误。引发错误的原因有很多，如下标越界、要访问的文件不存在、类型错误等。如果这些错误得不到正确的处理，就会导致程序非正常终止运行。

程序错误一般分为语法错误、运行时错误和逻辑错误3种。

（1）语法错误。

语法错误指的是那些因为不符合语法规则而产生的错误。在 Python 中，常见的语法错误有标识符命名错误、不正确的缩进等，这类错误通常在编辑或编译时就会被检测出来，如果存在这类错误，程序一般都不会运行。

例如，输入以下语句。

```
12a =4
```

如果强制运行程序，则结果如图 8-1 所示。

```
E:\program\pythonfile\异常管理系统\venv\Scripts\python.exe E:/program/pythonfile/异常管理系统/main.py
  File "E:\program\pythonfile\异常管理系统\main.py", line 1
    12a=4
      ^
SyntaxError: invalid syntax

Process finished with exit code 1
```

图 8-1　语法错误示例

（2）运行时错误。

运行时错误指的是在编写时没有错误，但在程序运行过程中产生错误。

例如除数为 0、列表索引越界、数据类型不匹配等，一旦出现这类错误，系统就会中止程序运行，然后抛出异常。

例如，输入以下语句。

```
print(3 / 0)
```

该语句从形式上看不出来错误，但运行程序时就会报错，如图 8-2 所示。

```
E:\program\pythonfile\异常管理系统\venv\Scripts\python.exe E:/program/pythonfile/异常管理系统/main.py
Traceback (most recent call last):
  File "E:\program\pythonfile\异常管理系统\main.py", line 1, in <module>
    print(3 / 0)
ZeroDivisionError: division by zero

Process finished with exit code 1
```

图 8-2　运行时错误示例

（3）逻辑错误。

逻辑错误指的是编程思路出现了问题，虽然在程序运行的过程中并没有报错，但程序运行结果与预期结果不一致。例如运算符使用不合理、语句次序不正确、循环语句的初始值和终值设置不正确等。因此，逻辑错误又被称为语义错误。

例如，输入以下语句。

```
mysum = 0
for i in range(100):
    mysum += i
print("1 到 100 的和是: "+str(mysum))
```

上述程序的运行结果如图 8-3 所示。

```
E:\program\pythonfile\异常管理系统\venv\Scripts\python.exe E:/program/pythonfile/异常管理系统/main.py
1到100的和是: 4950

Process finished with exit code 0
```

图 8-3 逻辑错误示例

从上述结果可以看出，程序的初衷是算出 1～100 的和，但是计算结果却是 4950。这种无论是从语法上，还是从运行上都找不出问题的逻辑错误在进行检查时最难发现。

2. 异常

当 Python 检测到一个错误时，解释器就会指出当前流已无法继续执行下去，这时候就出现了异常。异常是指程序因为出错而在正常控制流以外采取的行为。异常是一个事件，该事件会在程序执行过程中发生，影响程序的正常执行。

异常分为两个阶段：第一个阶段是错误引发异常的阶段，第二个阶段是检测异常并进行处理的阶段。结合前面学过的面向对象中类与对象的含义可知，程序运行时产生的每个异常都对应着一个异常类，Python 中的异常类有很多，一些常见的异常类如表 8-1 所示。

表 8-1 常见的异常类

异常类	含义
AttributeError	对象属性错误
BaseException	所有异常的父类
Exception	常规错误父类
ImportError	导入模块/对象失败
IndentationError	缩进错误
IndexError	索引错误
IOError	输入/输出操作失败
NameError	对象命名错误
SyntaxError	语法错误
TypeError	类型无效错误
ValueError	无效的参数
ZeroDivisionError	除（或取模）零

下面介绍几个常见异常的含义。

【案例 8-1】 NameError 异常。

尝试访问一个未声明的变量时会引发 NameError 异常。

```
mysum = 0
for i in range(100):
    mysum += i
print("1 到 100 的和是: "+str(ysum))
```

以上程序的运行结果如图 8-4 所示。

```
E:\program\pythonfile\异常管理系统\venv\Scripts\python.exe E:/program/pythonfile/异常管理系统/main.py
Traceback (most recent call last):
  File "E:\program\pythonfile\异常管理系统\main.py", line 4, in <module>
    print("1到100的和是: "+str(ysum))
NameError: name 'ysum' is not defined

Process finished with exit code 1
```

图 8-4　NameError 异常

从程序中可以很容易地看出，本来程序期望用 mysum 变量进行统计，但在第 4 行进行输出时，由于输入错误，将 mysum 变量输入为 ysum，从而 Python 无法找到变量 ysum 的定义和对应值。此时，就会出现 NameError 异常。

【案例 8-2】 ZeroDivisionError 异常。

当除数为 0 的时候，会引发 ZeroDivisionError 异常。

```
mysum = 0
for i in range(100):
    mysum += i
z=0
print(mysum/z)
```

以上程序的运行结果如图 8-5 所示。

```
E:\program\pythonfile\异常管理系统\venv\Scripts\python.exe E:/program/pythonfile/异常管理系统/main.py
Traceback (most recent call last):
  File "E:\program\pythonfile\异常管理系统\main.py", line 5, in <module>
    print(mysum/z)
ZeroDivisionError: division by zero

Process finished with exit code 1
```

图 8-5　ZeroDivisionError 异常

从程序中可以很容易地看出，本来程序期望算出 1 到 100 之和，然后再除以一个值，算出一个平均数。但由于除数是 0，因此 Python 无法对 0 进行整除。此时，就会出现 ZeroDivisionError 异常。

【案例 8-3】 IndexError 异常。

当使用序列中不存在的索引时，会引发 IndexError 异常。

```
list1 = [1, 2, 3, 4, 5, 6, 7 ]
print(list1[7])
```

以上程序的运行结果如图 8-6 所示。

```
E:\program\pythonfile\异常管理系统\venv\Scripts\python.exe E:/program/pythonfile/异常管理系统/main.py
Traceback (most recent call last):
  File "E:\program\pythonfile\异常管理系统\main.py", line 2, in <module>
    print(list1[7])
IndexError: list index out of range

Process finished with exit code 1
```

图 8-6　IndexError 异常

从程序中可以很容易地看出，本来程序期望输出列表中的第 7 个元素。但因为列表的索引从 0 开始，所以，第 7 个元素的索引应该是 6。因此，第二行的 list1[7]这个索引超出了 list1 的索引范围，从而造成索引溢出的情况，引发 IndexError 异常。

如果这个异常对象没有被处理和捕获，程序就会用所谓的回溯（Backtracking，一种错误信息）终止执行，这些信息包括错误的名称（例如 NameError）、原因和错误发生的行号。

另外，需要注意的是，无论是哪种异常，其都是父类 Exception 的成员，它们都定义在 exceptions 模块中。

3. 异常的捕获

异常是程序产生的错误。程序员都希望程序能够自动感知到自身产生的错误，并自动采用一定的应对措施。可以把这种感知到错误的过程称为异常的捕获。

在 Python 中，有多个结构可以用于捕获异常。

（1）try...except 结构。

格式如下。

异常的捕获

```
try:
    try 代码块
except [异常类 as ex]:
    except 代码块
```

其中，try 子句中的代码块包含可能会引发异常的语句，而 except 子句则用来捕获相应的异常。

如果 try 子句中的代码引发异常并被 except 子句捕获，就执行 except 子句中的代码块；如果 try 中的代码块没有出现异常就继续往下执行异常处理结构后面的代码。

如果 try 子句中的代码块出现异常但没有被 except 子句捕获，就继续往外层抛出异常，如果所有层都没有捕获并处理该异常，程序就会崩溃并将该异常呈现给最终用户。

except 后面可以指定要捕获的异常类，如果没有指定则表示捕获所有的异常。ex 表示捕获到的错误对象（名字可以任意）。

【案例 8-4】try...except 结构的使用。

求两个数的商，除数为 0 时会引发异常，可通过捕获 ZeroDivisionError 异常类来处理异常。

```
n1 = eval(input('enter a number: '))
n2 = eval(input('enter a number: '))
try:
    result = n1 / n2                    #除数为 0 时会引发异常
except ZeroDivisionError as ex:         #处理 ZeroDivisionError 异常
    print(ex)
```

该程序运行后的结果如图 8-7 所示。

```
E:\program\pythonfile\异常管理系统\venv\Scripts\python.exe E:/program/pythonfile/异常管理系统/main.py
enter a number: 1
enter a number: 0
division by zero

Process finished with exit code 0
```

图 8-7　使用 try...except 结构捕获异常

本例计划由用户随意输入两个数，然后程序自动算出两个数的商，但用户输入错误，输入的除数为 0。如果系统中没有异常处理机制，此时程序会出现错误，然后以代码 1 非正常终止程序，如图 8-5 所示。

但是，本例采用了 try...except 的结构。从图 8-7 可以看出，程序并没有因为用户输入的除数为 0 而非正常终止，而是以 "division by zero" 为提示进行了输出，并以代码 0 正常结束程序。

可见，在程序运行到第 4 行时，虽然出现了除数为 0 的情况，但 ZeroDivisionError 异常被 except 子句捕获，从而引导程序开始执行 except 子句中的代码块，然后保证了程序的正常结束。

那么，如果用户输入的除数不是 0，上述程序的结果又是什么呢？答案如图 8-8 所示。

```
E:\program\pythonfile\异常管理系统\venv\Scripts\python.exe E:/program/pythonfile/异常管理系统/main.py
enter a number: 2
enter a number: 4

Process finished with exit code 0
```

图 8-8　除数不为 0 的输出结果

从图 8-8 可以看出，虽然用户输入的除数不是 0，最终程序只是正常结束了，但并没有输出商。可见，try...except 结构只是对捕获到的异常进行了简单的处理。

（2）try...except...else 结构。

该结构的语法格式如下。

```
try:
    try 代码块
except [异常类 as ex]:
    except 代码块
else:
    else 代码块
```

捕获异常的语法
结构 1

其中，try 子句中的代码块包含可能会引发异常的语句，而 except 子句则用来捕获相应的异常。如果 try 子句中的代码块没有抛出异常，则执行 else 子句中的代码块。

捕获异常的语法
结构 2

【案例 8-5】try...except...else 结构的使用。

求两个数的商，除数为 0 时会引发异常，可通过捕获 ZeroDivisionError 异常类来处理异常，如果除数不为 0，就输出最终结果。

```
n1 = eval(input('enter a number: '))
n2 = eval(input('enter a number: '))
try:
    result = n1 / n2                        #除数为 0 时会引发异常
except ZeroDivisionError as ex:             #处理被 0 除异常
    print(ex)
else:
    print('{}/{}={} '.format(n1,n2,result))
```

该程序运行后的结果如图 8-9 所示。

```
E:\program\pythonfile\异常管理系统\venv\Scripts\python.exe E:/program/pythonfile/异常管理系统/main.py
enter a number: 1
enter a number: 0
division by zero

Process finished with exit code 0
```

图 8-9　使用 try...except...else 结构捕获异常

从图 8-9 可以看出，当除数为 0 时，try...except...else 结构与 try...except 结构一样，都是由 except 子句捕获异常信息，并引导程序开始执行 except 子句中的代码块，然后保证程序的正常结束。

此时，若用户输入的除数不是 0，还会出现和图 8-8 一样的情形吗？答案如图 8-10 所示。

```
E:\program\pythonfile\异常管理系统\venv\Scripts\python.exe E:/program/pythonfile/异常管理系统/main.py
enter a number: 4
enter a number: 2
4/2=2.0

Process finished with exit code 0
```

图 8-10　使用 try...except...else 结构时，除数不为 0 的情况

从图 8-10 可以看出，当采用 try...except...else 结构时，如果输入的除数不是 0，则 except 子句并未捕获到异常，此时程序将被引导到 else 子句处，开始执行 else 子句中的内容，输出商。这是 try...except...else 结构与 try...except 结构的不同之处，即 try 子句中如果没有出现异常，则会执行 else 子句。

（3）try...except...else…finally 结构。

本结构的语法格式如下。

```
try:
    try 代码块
except [异常类 as ex]:
    except 代码块
else:
    else 代码块
finally:
    finally 代码块
```

在程序运行时，首先执行 try 子句中的代码块，如果 try 子句中的代码块有异常，就执行 except 子句中的代码块（产生的异常类型需与 except 后面指定的异常类型一致）；如果没有产生异常，则执行 else 子句中的代码块；最后不论是否有异常，都会执行 finally 子句中的代码块。

【案例 8-6】try...except...else...finally 结构的使用。

改写求两个数的商的程序，如下所示。

```
n1 = eval(input('enter a number: '))
n2 = eval(input('enter a number: '))
try:
    result = n1 / n2
except ZeroDivisionError as ex:
    print(ex)
else:
    print('{}/{}={} '.format(n1,n2,result))
finally:
    print('the end ')
```

该程序运行后的结果如图 8-11 和图 8-12 所示。

```
E:\program\pythonfile\异常管理系统\venv\Scripts\python.exe E:/program/pythonfile/异常管理系统/main.py
enter a number: 1
enter a number: 0
division by zero
the end

Process finished with exit code 0
```

图 8-11　使用 try...except...else...finally 结构时，除数为 0 的情况

```
E:\program\pythonfile\异常管理系统\venv\Scripts\python.exe E:/program/pythonfile/异常管理系统/main.py
enter a number: 4
enter a number: 2
4/2=2.0
the end

Process finished with exit code 0
```

图 8-12　使用 try...except...else...finally 结构时，除数不为 0 的情况

从图 8-11 可以看出，当除数为 0 时，程序不仅能够正常终止，还执行了 finally 子句中的代码块；从图 8-12 可以看出，当除数不为 0 时，程序不仅能够输出商，还执行了 finally 子句中的代码块。可见在 try...except...else...finally 结构中，无论是否出现异常情况，都会执行 finally 子句中的代码块。

4. 捕获多个异常

实际开发中，同一段代码可能会抛出多种异常，并且需要针对不同的异常类型进行处理，这时可通过添加相应的 except 子句来实现，一个 except 子句捕获一个异常，一旦某个 except 子句捕获到了异常，其他的 except 子句将不会再尝试捕获异常。该结构有些类似于多分支结构，语法格式如下。

```
try:
    try 代码块
except 异常类 1 [as ex1]:
    except 代码块
except 异常类 2[ as ex2]:
    except 代码块
…
[else:
    else 代码块]
[finally:
    finally 代码块]
```

【案例 8-7】多个异常的捕获。
改写求两个数的商的程序，如下所示。

```
n1 = eval(input('enter a number: '))
n2 = eval(input('enter a number: '))
try:
    result = n1 / n2
except ZeroDivisionError:
    print('除数不能为 0')
except Exception:
    print('除数和被除数应为数值')
else:
    print('{}/{}={}'.format(n1,n2,result))
finally:
    print('the end')
```

该程序运行后的结果如图 8-13 所示。

```
E:\project\pythonProject01\venv\Scripts\python.exe E:\project\pythonProject01\test.py
enter a number: 1
enter a number: 0
除数不能为0
the end

Process finished with exit code 0
```

（a）除数为0

```
E:\project\pythonProject01\venv\Scripts\python.exe E:\project\pythonProject01\test.py
enter a number: 4
enter a number: "a"
除数和被除数应为数值
the end

Process finished with exit code 0
```

（b）除数为字符串

```
E:\project\pythonProject01\venv\Scripts\python.exe E:\project\pythonProject01\test.py
enter a number: 4
enter a number: 2
4/2=2.0
the end

Process finished with exit code 0
```

（c）除数和被除数为数值型

图 8-13 多个异常的情况

从图 8-13（a）、图 8-13（b）和图 8-13（c）可以看出，通过增加多个 except 子句，无论除数是 0、字符串，还是数值，程序都能根据不同的情况执行不同的操作，直至程序运行结束。

8.2.2 异常处理

在处理异常时，虽然可以使用 try…execept 结构，但在代码的主逻辑里会有大量的异常处理代码，这会在很大程度上影响程序的可读性。因此，可采用 with 语句将异常的代码隐藏起来。

而要使用 with 语句，就不得不先介绍一下上下文管理器。

异常处理 1　　　异常处理 2

1. 上下文管理器

上下文管理器是 Python 2.5 开始支持的一种语法，用于规定某个对象的使用范围，一旦进入或者离开使用范围，会有特殊的操作被调用。

【案例 8-8】使用 with 语句处理除数为 0 的情况。

```
class Resource():
    def __enter__(self):
        print('===connect to resource===')
        return self
    def __exit__(self, exc_type, exc_val, exc_tb):
        print('===close resource connection===')
        return True
    def operate(self):
        1/0
with Resource() as res:
    res.operate()
```

该程序运行的结果如图 8-14 所示。

```
E:\program\pythonfile\异常管理系统\venv\Scripts\python.exe E:/program/pythonfile/异常管理系统/main.py
===connect to resource===
===close resource connection===

Process finished with exit code 0
```

图 8-14　使用 with 语句处理除数为 0 的情况

由图 8-14 可以看出，尽管有除数为 0 的语句，但程序在运行时并没有报错。

这就是上下文管理协议的一个强大之处，异常可以在 __exit__()方法里被捕获，并由开发者自己决定是抛出还是在这里解决。在 __exit__()方法里返回 True（没有 return 就默认为 return False），就相当于告诉 Python 解释器，这个异常已经被捕获了，不需要再往外抛了。这就是上下文管理协议，涉及 __enter__()方法和 __exit__()方法。

（1）__enter__(self)方法。

进入上下文管理器时调用此方法，其返回值被放入 with...as 语句的 as 说明符指定的变量中。

（2）__exit__(self, type, value, tb)方法。

离开上下文管理器调用此方法。如果有异常出现，type、value、tb 分别为异常的类型、值和追踪信息；如果没有异常，3 个参数均设为 None。此方法返回值为 True 或者 False，分别指示被引发的异常得到了处理和没有得到处理，如果返回 False，引发的异常会被传递出来。

支持上下文管理协议的对象可用于实现 __enter__()方法和 __exit__()方法。上下文管理器定义执行 with 语句时要建立的运行时上下文，负责执行 with 语句上下文中的进入与退出操作。通常情况下使用 with 语句调用上下文管理器，也可以通过直接调用其方法来使用上下文管理器。

其中，__enter__()方法在执行语句体之前进入运行时上下文，__exit__()方法在语句体执行完后从运行时上下文退出。

2．Python 中的 with 语句

在日常的使用场景中，经常会操作一些资源，比如文件对象、数据库连接、Socket 连接等，操作完了之后，不管操作是否成功，最重要的事情都是关闭该资源，否则资源打开太多而没有关闭，程序会报错。以文件操作为例，代码如下。

```python
f = open('file.txt', 'w')
try:
    f.write("Hello")
finally:
    f.close()
```

但既然调用 close()方法是必需的操作，那就没必要显式地调用，所以 Python 提供了一种更优雅的方式，即使用 with 语句。

```python
with open('file.txt', 'w') as f:
    f.write("Hello")
```

这样运行的效果不如 try...finally 的运行效果，但语句却显得更加优雅。

Python 2.5 引入了 with 语句，with 语句适用于对资源进行访问的场合，确保不管使用过程中是否产生异常都会执行必要的"清理"操作，释放资源。

（1）with 语句的格式。

with 语句的格式如下。

```python
with context_expr [as var]:
    with_body
```

- context_expr：需要返回一个上下文管理器对象，该对象并不赋值给 as 子句中的 var。
- var：可以是变量或者元组。
- with_body：with 语句包裹的语句体。

（2）with 语句的执行过程。

with 语句有着严格的执行过程，如下所示。

① 执行 context_expr，生成上下文管理器 context_manager。

② 调用上下文管理器的__enter__()方法，如果使用了 as 子句，就把__enter__()方法的返回值赋给 as 子句中的 var。

③ 执行语句体 with_body。

④ 无论在执行的过程中是否产生异常，都会执行上下文管理器的__exit__()方法。该方法负责执行程序的"清理"工作，如释放资源等。

⑤ 如果执行过程中没有出现异常，或者语句体中执行了 break、continue 或者 return 语句，则以 None 作为参数调用__exit__()方法；如果执行过程中出现异常，则会将 sys.exc_info 得到的异常信息作为参数调用__exit__()方法。

⑥ 出现异常时，如果__exit__()方法返回的结果为 False，则会重新抛出异常，让 with 语句之外的语句逻辑来处理异常，这是通用做法；如果返回 True，则忽略异常，不再对异常进行处理。

8.2.3 抛出异常

在使用 try 结构时，程序可以捕获运行中的异常，并根据异常情况进行处理。在开发中，除了代码执行出错 Python 解释器会抛出异常，还可以根据应用程序特有的业务需求主动抛出异常。

Python 提供了一个 Exception 异常类，在开发时，满足特定业务需求希望抛出异常时，可以做出如下处理。

- 创建一个 Exception 对象。
- 使用 raise 关键字抛出异常对象。

1. 自定义一个异常类

Python 的异常有个父类，即 Exception 类，所以自定义类也必须继承 Exception 类。

异常的抛出和
自定义异常类

2. 使用 raise 关键字抛出异常对象

使用 raise 语句能显式地触发异常，格式如下。

```
raise 异常类名          #引发指定异常类的实例
raise 异常类对象        #引发指定异常类的实例
raise                  #重新引发刚刚产生的异常
```

【案例 8-9】自定义一个简单的异常类。

```
#最简单的自定义异常类
class FError(Exception):
    pass
#用 try…except 抛出异常
try:
    raise FError("自定义异常")
except FError as e:
    print(e)
```

程序运行结果如图 8-15 所示。

```
E:\program\pythonfile\异常管理系统\venv\Scripts\python.exe E:/program/pythonfile/异常管理系统/main.py
自定义异常

Process finished with exit code 0
```

图 8-15　自定义异常类的运行结果

可以看出，通过继承 Exception 类，可以定义一个 FError 类。所以根据继承的概念，FError 类也是一个异常类，拥有其父类的全部属性和方法。

当程序执行 raise 语句时，异常被抛出，通过 except 子句对该异常进行捕获，引导程序开始执行 except 子句中的程序段。因此，程序的结果是输出处理异常的结果。

自定义异常类的一个简单模板如下。

```python
class CustomError(Exception):
    def __init__(self,ErrorInfo):
        super().__init__(self)  #初始化父类
        self.errorinfo=ErrorInfo
    def __str__(self):
        return self.errorinfo


if __name__ == '__main__':
    try:
        raise CustomError('客户异常')
    except CustomError as e:
        print(e)
```

可参考该模板进行异常类的定义。

【案例 8-10】根据模板自定义一个稍微复杂一点的异常类。

```python
class ShortInputException(Exception):
#自定义的异常类
    def __init__(self, length, atleast):
        Exception.__init__(self)
        self.length = length
        self.atleast = atleast
try:
    s = input('请输入  -->  ')
    if len(s) <3:
        raise ShortInputException(len(s), 3)
except EOFError:
    print('你输入了一个结束标记 EOF')        #Ctrl+D
except ShortInputException as x:
    print('ShortInputException: 输入的长度是%d, 长度至少应是%d'%(x.length,
x.atleast))
else:
    print('没有异常发生。')
```

运行上述程序，结果如图 8-16（a）、图 8-16（b）、图 8-16（c）所示。

```
E:\program\pythonfile\异常管理系统\venv\Scripts\python.exe E:/program/pythonfile/异常管理系统/main.py
请输入  -->  2
ShortInputException: 输入的长度是1, 长度至少应是3

Process finished with exit code 0
```

（a）运行结果（1）

图 8-16　自定义异常类运行结果

```
E:\program\pythonfile\异常管理系统\venv\Scripts\python.exe E:/program/pythonfile/异常管理系统/main.py
请输入 --> ^D
你输入了一个结束标记EOF

Process finished with exit code 0
```

（b）运行结果（2）

```
E:\program\pythonfile\异常管理系统\venv\Scripts\python.exe E:/program/pythonfile/异常管理系统/main.py
请输入 --> 1000
没有异常发生。

Process finished with exit code 0
```

（c）运行结果（3）

图 8-16 自定义异常类运行结果（续）

3. raise...from 结构

Python 3.0 允许 raise 语句拥有一个可选的 from 子句，语法如下。

```
raise exception from otherexception
```

当使用 from 子句的时候，第二个表达式指定了另一个异常类或实例，它会附加到引发异常的 __cause__ 属性中。如果引发的异常没有被捕获，Python 会把异常作为标准出错消息的一部分进行输出。

【案例 8-11】raise...from 结构会对标准出错消息的一部分进行输出。

```
try:
    1/0
except Exception as E:
    raise TypeError('Bad') from E
```

上述程序的运行结果如图 8-17 所示。

```
E:\program\pythonfile\异常管理系统\venv\Scripts\python.exe E:/program/pythonfile/异常管理系统/main.py
Traceback (most recent call last):
  File "E:\program\pythonfile\异常管理系统\main.py", line 2, in <module>
    1/0
ZeroDivisionError: division by zero

The above exception was the direct cause of the following exception:

Traceback (most recent call last):
  File "E:\program\pythonfile\异常管理系统\main.py", line 4, in <module>
    raise TypeError('Bad') from E
TypeError: Bad

Process finished with exit code 1
```

图 8-17 raise...from 结构会对标准出错消息的一部分进行输出

（1）使用类名引发异常。

当 raise 语句指定异常的类名时，会创建该类的实例对象，然后引发异常。示例代码如下。

```
raise IndexError
```

运行结果如图 8-18 所示。

```
E:\program\pythonfile\异常管理系统\venv\Scripts\python.exe E:/program/pythonfile/异常管理系统/main.py
Traceback (most recent call last):
  File "E:\program\pythonfile\异常管理系统\main.py", line 1, in <module>
    raise IndexError
IndexError

Process finished with exit code 1
```

图 8-18 raise+异常类名的情况

（2）使用异常类的实例引发异常。

```
index = IndexError()
raise index
```

运行结果如图 8-19 所示。

```
E:\program\pythonfile\异常管理系统\venv\Scripts\python.exe E:/program/pythonfile/异常管理系统/main.py
Traceback (most recent call last):
  File "E:\program\pythonfile\异常管理系统\main.py", line 2, in <module>
    raise index
IndexError

Process finished with exit code 1
```

图 8-19 raise+异常类实例的情况

（3）传递异常。

不带任何参数的 raise 语句可以再次引发刚刚产生过的异常，作用是向外传递异常。

```
try:
    raise IndexError
except:
    print("出错了")
raise
```

运行结果如图 8-20 所示。

```
E:\program\pythonfile\异常管理系统\venv\Scripts\python.exe E:/program/pythonfile/异常管理系统/main.py
出错了
Traceback (most recent call last):
  File "E:\program\pythonfile\异常管理系统\main.py", line 2, in <module>
    raise IndexError
IndexError

Process finished with exit code 1
```

图 8-20 不带参数的 raise 语句运行情况

（4）指定异常的描述信息。

使用 raise...from 结构可以在异常中抛出另外的异常。

```
try:
    num
except Exception as exception:
    raise IndexError("下标超出范围") from exception
```

运行结果如图 8-21 所示。

```
E:\program\pythonfile\异常管理系统\venv\Scripts\python.exe E:/program/pythonfile/异常管理系统/main.py
Traceback (most recent call last):
  File "E:\program\pythonfile\异常管理系统\main.py", line 2, in <module>
    num
NameError: name 'num' is not defined

The above exception was the direct cause of the following exception:

Traceback (most recent call last):
  File "E:\program\pythonfile\异常管理系统\main.py", line 4, in <module>
    raise IndexError("下标超出范围") from exception
IndexError: 下标超出范围

Process finished with exit code 1
```

图 8-21 在异常中抛出另外的异常

8.3 任务实施

异常处理对于软件系统的健壮性具有极其重要的意义，尤其是在错误检测与恢复、用户体验、数据完整性、安全性等方面更为重要。本任务主要完成系统异常处理功能的设置。

8.3.1 任务一：系统异常感知功能的开发

能感知系统异常是处理异常的前提和基础，也就是说，处理异常前要捕获到异常。那么，就需要了解程序会发生哪些异常，应该采用什么样的方法捕获异常。

【案例 8-12】根据异常类进行异常的感知。

Python 中的异常类有很多，我们必须清楚哪些情况会发生异常。比如，在进行文件读取时，路径不对、网络不通、文件名称错误、使用权限不够等都会造成异常。这就需要根据任务来确认可能出现的异常，这样才能够精准捕获异常，从而为后续的异常处理提供依据。

常见的异常类型

假设需要进行一个文件的备份。那么，这个文件的位置在哪？又要把这个文件备份到哪？程序如下。

```
import os
import shutil
os.mkdir("F:\项目备份")
shutil.copy("D:\项目\项目进度情况.txt","F:\项目备份")
```

从程序的逻辑上看，程序本身没有问题，作用就是对 D 盘的项目文件进行备份。但运行结果与预期不符，如图 8-22 所示。

```
E:\program\pythonfile\异常管理系统\venv\Scripts\python.exe E:/program/pythonfile/异常管理系统/main.py
Traceback (most recent call last):
  File "E:\program\pythonfile\异常管理系统\main.py", line 3, in <module>
    os.mkdir("F:\项目备份")
FileNotFoundError: [WinError 3] 系统找不到指定的路径。: 'F:\项目备份'

Process finished with exit code 1
```

图 8-22 程序出现异常

异常提示是找不到路径"F:\项目备份"。代码第 3 行就是新建文件夹"项目备份"，怎么会找不到呢？这时发现，这台计算机上的硬盘分区是 C、D、E，根本就没有 F 盘。因此无法在 F 盘创建新文件夹。

尽管这个异常很容易发现，但这是程序出错、非正常终止后我们人为找到的。能否通过程序让其自动捕获异常呢？可以把第 3～4 行创建文件夹的代码用 try...except 结构进行调整。

```
import os
import shutil
try:
    os.mkdir("F:\项目备份")
    shutil.copy("D:\项目\项目进度情况.txt","F:\项目备份")
except FileNotFoundError:
    print("是否提供了错误的路径？请检查")
```

程序运行结果如图 8-23 所示。

```
E:\program\pythonfile\异常管理系统\venv\Scripts\python.exe E:/program/pythonfile/异常管理系统/main.py
是否提供了错误的路径? 请检查

Process finished with exit code 0
```

图 8-23　程序正常结束

可见，让程序主动捕获异常，提前感知系统的异常，可以引导程序正常完成工作。

8.3.2　任务二：系统异常预案处理功能的开发

对系统异常的主动感知是能够正确处理异常的前提。所以，在感知异常的同时，就要考虑在程序中如何处理异常，降低异常对程序的影响。

【案例 8-13】合理规避异常，完成系统异常的处理。

网购是现在很多人都已经习惯了的购物方式，极大地方便了用户选择和购买。在购买商品时，需要填写所选商品的购买数量。显然，只有数量大于 1 才满足购买要求，如果数量小于 1，则会收到网站的提示。那么，如何检查购买数量是否满足要求呢? 程序如下。

```python
def shopping():
    n1 = eval(input('enter a number: '))
    n2 = eval(input('enter a number: '))
    try:
        result = n1 / n2
    except ZeroDivisionError:
        print('除数不能为 0，请重新输入')
        shopping()
    except Exception:
        print('除数和被除数应为数值')
        shopping()
    else:
        print('{}/{}={}'.format(n1, n2, result))
if __name__ == '__main__':
    shopping()
```

该程序的运行结果如图 8-24 所示。

```
E:\program\pythonfile\异常管理系统\venv\Scripts\python.exe E:/program/pythonfile/异常管理系统/main.py
enter a number: 4
enter a number: 0
除数不能为0，请重新输入
enter a number: 4
enter a number: 'a'
除数和被除数应为数值
enter a number: 4
enter a number: 6
4/6=0.6666666666666666

Process finished with exit code 0
```

图 8-24　案例 8-13 的运行结果

8.3.3　任务三：系统异常预案优化功能的开发

抛出异常是处理异常时常用的办法。

【案例 8-14】无论是档案管理系统还是户籍管理系统，都需要用户上传个人照片，并对照片的格式有一定的要求。比如，在某系统中，只能上传最常见的 PNG、JPG 和 JPEG 格式的图片。如果不是这些格式的图片，将被要求重新上传。

```python
class FileTypeError(Exception):
    def __init__(self, err="仅支持 PNG/JPG/JPEG 格式"):
        super().__init__(err)
file_name = input("请输入上传图片的名称（包含格式）: ")
try:
    if file_name.split(".")[1] in ["JPG", "PNG", "JPEG"]:
        print("上传成功")
    else:
        raise FileTypeError
except Exception as error:
    print(error)
```

程序的运行效果如图 8-25（a）和图 8-25（b）所示。

```
E:\program\pythonfile\异常管理系统\venv\Scripts\python.exe E:/program/pythonfile/异常管理系统/main.py
请输入上传图片的名称（包含格式）: photo.png
上传成功

Process finished with exit code 0
```

（a）图片格式正确

```
E:\program\pythonfile\异常管理系统\venv\Scripts\python.exe E:/program/pythonfile/异常管理系统/main.py
请输入上传图片的名称（包含格式）: 3.xml
仅支持PNG/JPG/JPEG格式

Process finished with exit code 0
```

（b）图片格式不正确

图 8-25　案例 8-14 的运行结果

8.4　拓展创新

断言（Assertion）在软件开发中是一种常用的调试方式。断言就是程序中的一条语句，它对一个布尔表达式进行检查，一个正确程序必须保证这个布尔表达式的值为 True；如果值为 False，说明程序已经处于不正确的状态，系统将给出警告并且退出。

Python 的 assert 用来检查一个条件，如果它为真，就不做任何事。如果它为假，则会抛出 AssertionError 异常并且包含错误信息。

断言 1

断言 2

【例 8-15】assert 抛出异常。

```python
x = 23
assert x > 0, 'x 不应该等于或小于 0'
assert x % 2 == 0, 'x 不是偶数'
```

该程序的运行结果如图 8-26 所示。

```
E:\program\pythonfile\异常管理系统\venv\Scripts\python.exe E:/program/pythonfile/异常管理系统/main.py
Traceback (most recent call last):
  File "E:\program\pythonfile\异常管理系统\main.py", line 5, in <module>
    assert x % 2 == 0, 'x不是偶数'
AssertionError: x不是偶数

Process finished with exit code 1
```

图 8-26　assert 抛出异常

一般来说，断言用于保证程序最基本、关键的正确性。但使用 assert 的缺点是，频繁调用会极大地影响程序的性能，增加额外的开销。因此，断言检查通常在开发和测试时开启。为了提高性能，在软件发布后，断言检查通常是关闭的。

8.5　项目小结

任何软件程序在运行时都可能因为运行环境、程序员的编程水平、网络状态等因素出现异常情况。对程序进行异常管理能够避免因程序非正常终止而造成系统突然退出，甚至计算机蓝屏或死机。本项目的 3 个任务就是通过调用相关函数实现对异常的捕获、处理，从而完成对软件程序中异常的科学管理。

【素质拓展】抗震救灾精神

在东方大地上，中华民族历经风雨却始终生生不息、勤劳自强，创造了璀璨夺目的文明成果。各种灾难贯穿了中华民族的历史，铸就了中华民族坚强、刚毅的精神品质。"万众一心、众志成城"是中华民族和衷共济、团结奋斗精神的生动体现。中国人民是具有伟大团结精神的人民，"兄弟同心，其利断金""岂曰无衣，与子同袍"，是千百年来中华民族同甘共苦、守望相助的伟大团结精神的生动写照。"万众一心、众志成城"，既是一种宝贵的民族品格，也是一种战天斗地的生存智慧，更是一种凝心聚力的强大力量。它支撑中华民族走过几千年风雨磨难，激励中国人民携手战胜巨大灾难、共建美好家园。

不畏艰险、百折不挠是中国人民战胜磨难、创造奇迹的强大精神武器。自强奋斗精神经过漫长历史的反复检验和深厚积淀，成为渗透在中华民族血脉之中的文化基因和精神传统。当困难和挑战来临时，中国人民选择"不怨天，不尤人"，坚信"胜人者有力，自胜者强"。正是凭着这种自强不息的精神传承，中国人民面对忧患和灾难不悲观、不气馁，用"穷且益坚，不坠青云之志"来自励自勉，从而成就了无数战天斗地、人定胜天的人间奇迹。

新时代的长征路上，依然可能布满风险考验。只要我们始终坚守和自觉弘扬伟大的抗震救灾精神，勤劳勇敢的中国人民就一定能携手战胜各种艰难险阻，从胜利走向新的胜利！

【课后任务】

一、填空题

1. Python 中的_____是指程序因为出错而在正常控制流以外采取的行为。
2. Python 程序错误一般分为_____、_____和_____3 种。
3. Python 中，当除数为 0 时，会引发_____异常。
4. Python 中自定义异常类必须继承_____类。
5. 在 try...except 结构中，_____子句中的代码块包含可能会引发异常的语句，而_____子句则用来捕获相应的异常。

二、判断题

1. finally 子句中的代码仍然有可能出错从而再次引发异常。（　　）
2. Python 可以通过 raise 语句显式地触发异常，但是一旦执行了 raise 语句，raise 语句后面的语句将不能执行。（　　）
3. try 语句只有一种实现形式，即 try...except。（　　）

4. 不符合语法规则会造成运行时错误。（　　　）

5. 在 Python 中，可以根据应用程序特有的业务需求主动抛出异常。（　　　）

三、选择题

1. 有关异常的说法正确的是（　　　）。

    A. 程序中抛出异常会终止程序　　　　　　　B. 程序中抛出异常不一定会终止程序

    C. 拼写错误会导致程序终止　　　　　　　　D. 缩进错误会导致程序终止

2. 不论是否发生异常都将执行（　　　）关键字后的语句。

    A. try　　　　　　　　B. except　　　　　　C. else　　　　　　　D. finally

3. 以下哪个不属于异常？（　　　）

    A. ZeroDivisionError　　　　　　　　　　　B. NameError

    C. TypeError　　　　　　　　　　　　　　　D. invalid syntax

4. 哪个关键字可以用来引发异常？（　　　）

    A. raise　　　　　　　　B. try　　　　　　　C. except　　　　　D. finally

5. 在异常处理中，释放资源、关闭文件、关闭数据库等应由（　　　）来完成。

    A. try 子句　　　　　　　B. catch 子句　　　　C. finally 子句　　　D. raise 子句

项目9
数据库操作——电子档案
管理系统的开发

09

项目描述

　　电子档案是指在社会实践活动中形成的具有保存价值的、由计算机系统处理和存储的机读材料和其他形式的记录。在知识大爆炸的时代，每天都产生大量的有用信息。档案管理的工作呈指数级增长。采用电子档案不仅可以直接减轻档案管理工作人员的劳动强度，提高工作效率，而且便于档案的检索和利用、遗漏文件的补漏增缺，以及文档的安全保密。

　　电子档案的独特性决定了电子档案的开发和利用比传统档案更加快捷、方便，更具实用性。其目标是将各档案管理单位的数据通过网络连为一体，便于共享数据资源，而数据库就成了档案数据安全、有效存储的重要平台。

　　要将档案中的文字、图片等信息保存在数据库平台上，就需要进行正确的数据库操作。

9.1 任务导入

　　几乎所有的信息管理系统都离不开数据库的支持。档案管理系统是典型的数据库管理系统。档案中各种表格的建立、删除，各类数据的增删改查，均需要借助数据库的相关功能。Python 中有针对多种数据库的接口和模块，它们可以使 Python 访问数据库变得简单。

知识目标
① 掌握关系数据库及非关系数据库的异同。
② 掌握在 MySQL 中创建和管理数据库的语法。
③ 掌握在 MySQL 中管理数据的语法。

能力目标
① 能够根据实际需求创建数据库。
② 能够进行基本的数据库维护工作。

学习任务
任务一：电子档案管理系统的数据库管理。
任务二：电子档案管理系统的数据表管理。
任务三：电子档案管理系统的数据管理。

9.2 相关知识

　　数据库可以提供持久化存储、数据共享和访问、数据安全性、数据一致性、数据查询和分析、数据备份和恢复等多种功能，能够满足各种复杂的数据管理需求，是许多软件项目不可或缺的组成部分。

9.2.1　创建和管理数据库

1. 关系数据库和非关系数据库

数据库是指按照一定的数据结构来组织、存储和管理数据的仓库，用于存储和处理程序中的大量数据。目前，比较常见的数据库是关系数据库和非关系数据库。

（1）关系数据库。

关系数据库是建立在关系模型基础之上的数据库，其数据以表格的形式存储。Microsoft SQL Server、Microsoft Access、Microsoft FoxPro、Oracle、MySQL、SQLite 等都属于关系数据库。

（2）非关系数据库。

非关系数据库又称 NoSQL，它是随着大数据概念的出现而兴起的，以成本低、查询速度快、高扩展性、高并发的优点受到了学术界和产业界的广泛关注。常见的非关系数据库有 MongoDB、Apache CouchDB、Redis、Couchbase 等。

2. MySQL

MySQL 是一款安全、跨平台、高效的开源数据库。目前 MySQL 被广泛地应用在互联网上的中小型网站中。由于其体积小、速度快、开放源码，因此很多公司都采用 MySQL。

3. Python 3 的数据库访问功能

Python 3.5 内置的 sqlite3 模块提供了 SQLite 数据库访问功能。借助其他的扩展模块，Python 也可访问 Microsoft SQL Server、Oracle、MySQL 或其他各种数据库。

为了使 Python 连接上 MySQL，需要一个用于与数据库交互的驱动库。PyMySQL 正是一个使用 Python 实现的 MySQL 客户端操作库，支持事务处理、存取过程调用、批量执行、增删改查等操作。

Python 3 的数据库访问功能

（1）PyMySQL 的安装。

PyMySQL 有两种安装方式，即通过 pip 命令进行安装或通过 PyCharm 进行安装。

① 使用 pip 命令安装 PyMySQL。

在使用 PyMySQL 之前，要使用 pip 命令安装它。

打开命令提示符窗口，输入"pip3 install pymysql"。

PyMySQL 开始下载，如图 9-1 所示。

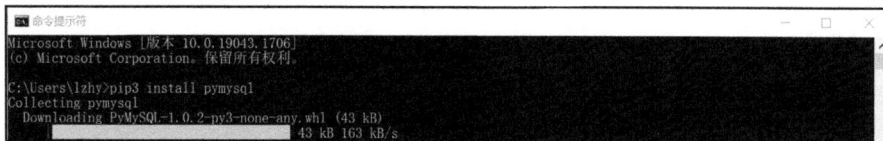

图 9-1　使用 pip 命令下载、安装 PyMySQL

下载并安装完成后，系统会提示"Successfully installed pymysql-1.0.2"，表示安装成功，如图 9-2 所示。

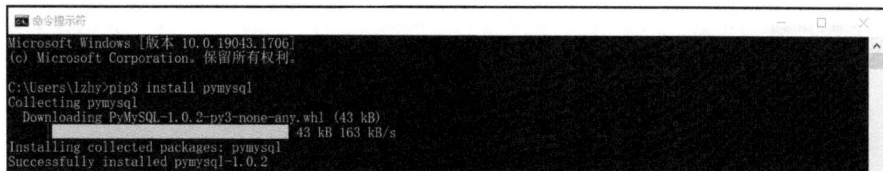

图 9-2　安装 PyMySQL 成功的提示

② 使用 PyCharm 安装 PyMySQL。

有时因为系统设置的问题，在使用 pip 命令安装完 PyMySQL 后，在 PyCharm 中还是无法使用它，这时，可以使用 PyCharm 进行安装。

打开要完成的电子档案管理系统项目，选择"File"→"Settings"命令，如图 9-3 所示。

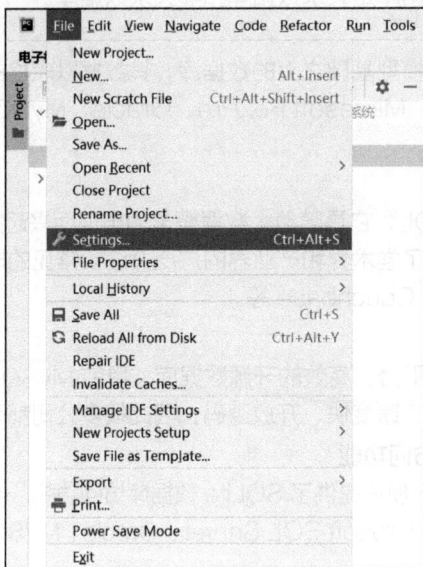

图 9-3　准备使用 PyCharm 安装 PyMySQL

在弹出的"Settings"对话框中展开"Project：电子档案系统"下拉菜单，选择"Python Interpreter"选项，如图 9-4 所示。此时，项目所拥有的 Package 中还没有"PyMySQL"包。

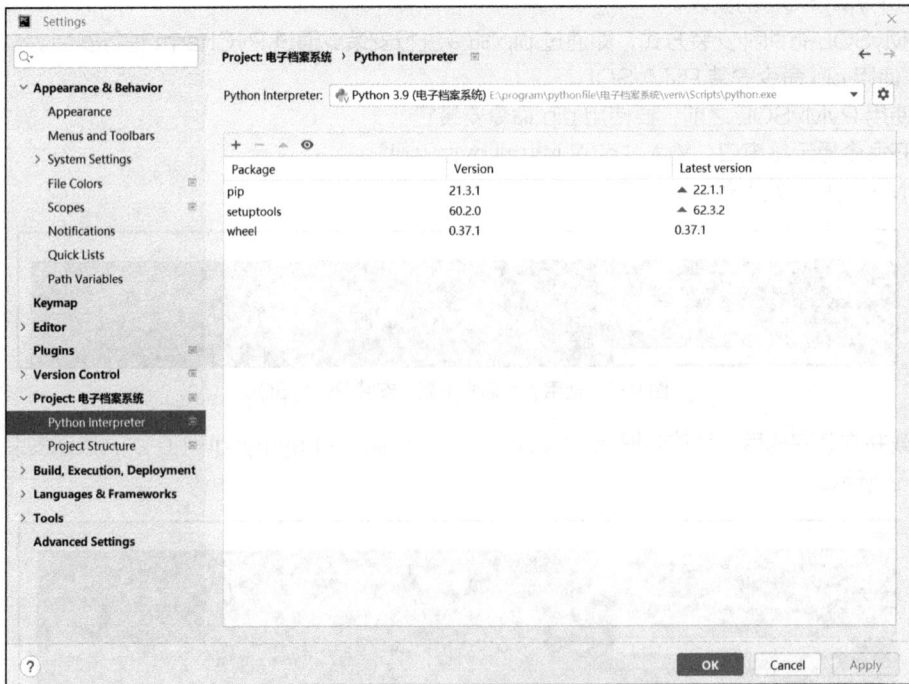

图 9-4　选择"Python Interpreter"选项

单击图 9-4 所示的对话框中的"+"按钮，在弹出的"Available Packages"对话框中输入"pymysql"，选中"PyMySQL"选项后单击"Install Package"按钮进行安装，如图 9-5 所示。

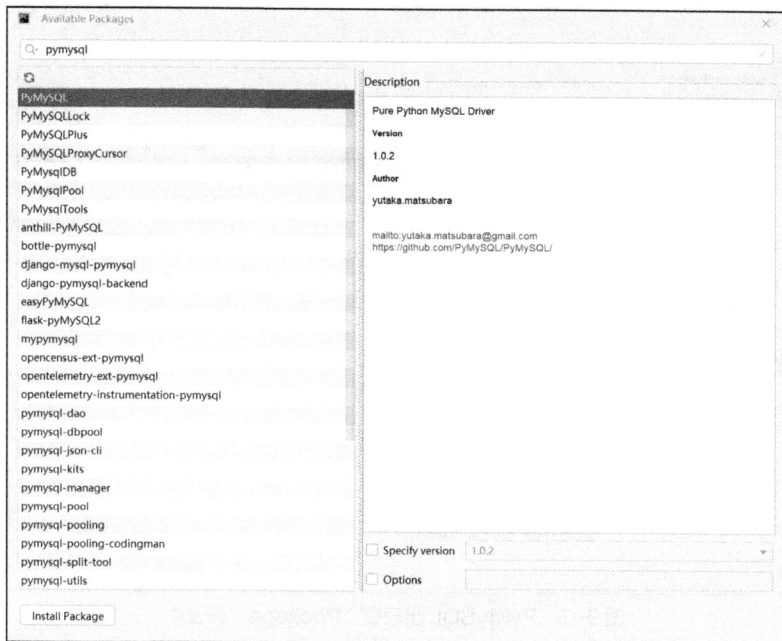

图 9-5　安装 PyMySQL

安装完毕后，系统会提示"Package 'PyMySQL' installed sucessfully"，表示安装成功，如图 9-6 所示。

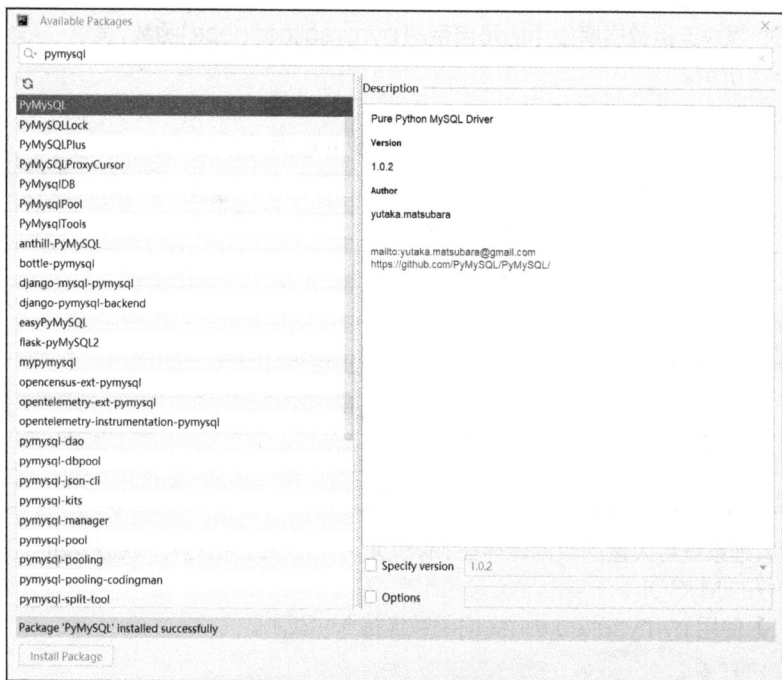

图 9-6　安装 PyMySQL 成功

关闭该对话框，可以看到，项目所拥有的 Package 中已经有了"PyMySQL"包，如图 9-7 所示。这时，再使用 PyMySQL 就不会报错了。

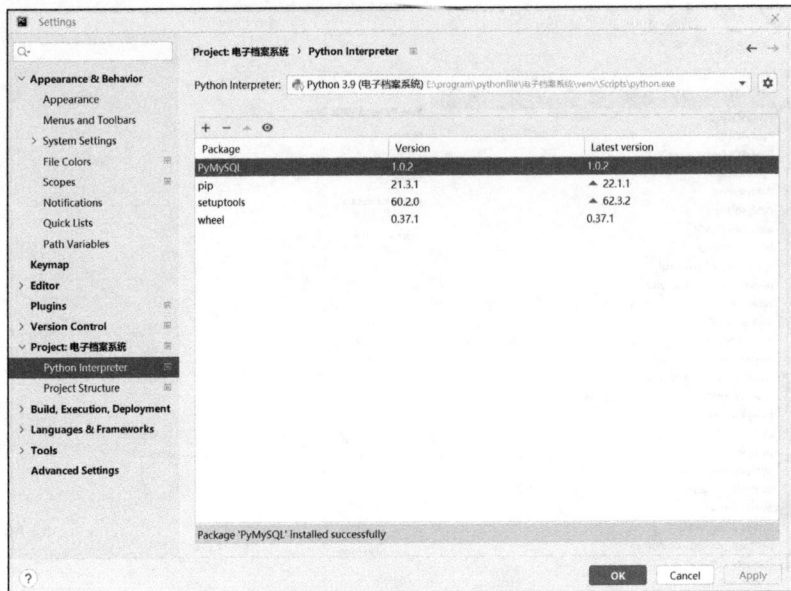

图 9-7　PyMySQL 出现在"Package"列表中

需要注意的是，无论是采用 pip 命令还是采用 PyCharm 安装 PyMySQL，都需要使计算机处于联网状态，否则，Python 无法获取安装资源。

（2）PyMySQL 模块连接数据库。

PyMySQL 模块连接数据库使用的是自带的 pymysql.connect() 函数，其常用参数如表 9-1 所示。

PyMySQL 模块
连接数据库

表 9-1　pymysql.connect()函数的常用参数

参数	说明
host=None	数据库连接地址
user=None	数据库用户名
password=''	数据库用户密码
database=None	要连接的数据库
port=3306	端口，默认为 3306
charset=''	连接数据库的字符编码
connect_timeout=10	连接数据库超时时间，默认为 10
autocommit=False	是否自动提交事务

电子档案管理系统将大量的数据保存在 MySQL 中，因此，在进行系统开发时，需要先连接上已经安装部署好的 MySQL。

【案例 9-1】使用 pymysql.connnect()函数连接 MySQL。

```
import pymysql
#连接数据库，地址为 localhost，登录名为 root，密码为 1234
cnn = pymysql.connect(host='localhost',user='root',password='1234')
```

此处使用的 MySQL 是本地数据库，且 MySQL 的登录名和密码分别为"root"和"1234"。如果连接网络数据库（MySQL 安装在其他服务器上），则 host 的值应该是该服务器的 IP。同样，登录名和密码应该随着个人安装 MySQL 时设定的不同而有所变化。

如果连接成功，系统会以正常的方式退出，如图 9-8 所示。如果连接有误，即无法连接到 MySQL，程序则会发出连接失败的提示，如图 9-9 所示。

```
E:\program\pythonfile\电子档案系统\venv\Scripts\python.exe E:/program/pythonfile/电子档案系统/main.py

Process finished with exit code 0
```

图 9-8　数据库连接成功

```
E:\program\pythonfile\电子档案系统\venv\Scripts\python.exe E:/program/pythonfile/电子档案系统/main.py
Traceback (most recent call last):
  File "E:\program\pythonfile\电子档案系统\main.py", line 3, in <module>
    cnn = pymysql.connect(host='localhost',user='root',password='123456')
  File "E:\program\pythonfile\电子档案系统\venv\lib\site-packages\pymysql\connections.py", line 353, in __init__
    self.connect()
  File "E:\program\pythonfile\电子档案系统\venv\lib\site-packages\pymysql\connections.py", line 633, in connect
    self._request_authentication()
  File "E:\program\pythonfile\电子档案系统\venv\lib\site-packages\pymysql\connections.py", line 932, in _request_authentication
    auth_packet = _auth.caching_sha2_password_auth(self, auth_packet)
  File "E:\program\pythonfile\电子档案系统\venv\lib\site-packages\pymysql\_auth.py", line 265, in caching_sha2_password_auth
    data = sha2_rsa_encrypt(conn.password, conn.salt, conn.server_public_key)
  File "E:\program\pythonfile\电子档案系统\venv\lib\site-packages\pymysql\_auth.py", line 143, in sha2_rsa_encrypt
    raise RuntimeError(
RuntimeError: 'cryptography' package is required for sha256_password or caching_sha2_password auth methods

Process finished with exit code 1
```

图 9-9　数据库连接失败

数据库连接失败的原因有多种，包括数据库的 IP 错误、登录名错误、登录密码错误等。当出现图 9-9 所示的情况时，需要从不同的方面进行连接测试。

（3）游标。

PyMySQL 使用游标对象来执行创建和删除数据库的 SQL 语句。那么，什么是游标呢？游标在程序中扮演着什么样的角色呢？

游标（Cursor）是处理数据的一种方法，为了查看或者处理结果集中的数据，游标提供了在结果集中一次一行或者多行地向前、向后浏览数据的功能。可以把游标当作一个指针，它可以指定结果集中的任何位置，然后允许用户对指定位置的数据进行处理。

通俗地说，操作数据和获取数据库结果都要通过游标来进行，其常用操作的示例如下。

① 创建游标对象 cursor。

```
cus = connect_mysql().cursor()
```

② 执行 SQL 语句。

当定义了一个 SQL 语句后，就可以用 execute(sql)方法来执行这个语句。

```
sql = select * from table1
cus.execute(sql)
```

③ 提交更改。

当需要更改数据库时，使用 commit()方法提交数据库。

```
cus.commit()
```

④ 获取相应结果。

在执行完 SQL 语句后，常用 fetchall()方法获得执行结果。

```
data=cus.fetchall()
```

⑤ 关闭游标对象。

游标使用完毕后，关闭游标对象，释放资源。

```
cus.close()
```

（4）数据库的创建。

创建数据库的 SQL 语句如下。

```
CREATE DATABASE my_db
```

其中，my_db 是新创建的数据库的名称，可以根据需要进行修改。例如，要创建一个名为 StuIfo
（学生信息）的数据库，就可以使用以下语句。

```
CREATE DATABASE StuIfo
```

在 Python 中，可以使用游标创建数据库。进行该操作时，需要将该 SQL 语句作为参数放入游
标的执行函数中。

【案例 9-2】用 PyMySQL 创建数据库。

```
import pymysql
#连接本地数据库，登录名为 root，密码为 1234
cnn = pymysql.connect(host='localhost',user='root',password=
'1234')
cursor = cnn.cursor()                      #创建一个游标对象
#创建数据库
sql = "CREATE DATABASE StuIfo"             #创建 SQL 语句
cursor.execute(sql)                        #通过游标执行 SQL 语句
cursor.execute("show databases;")          #查看有哪些数据库
print(cursor.fetchall())                   #查看返回结果
#关闭数据库连接
cursor.close()
cnn.close()
```

PyMySQL 管理
数据库

上述程序的运行结果如图 9-10 所示。

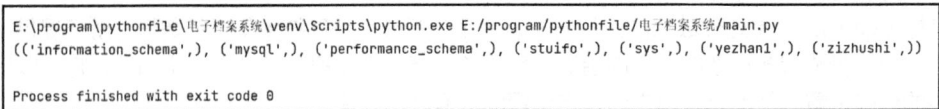

```
E:\program\pythonfile\电子档案系统\venv\Scripts\python.exe E:/program/pythonfile/电子档案系统/main.py
(('information_schema',), ('mysql',), ('performance_schema',), ('stuifo',), ('sys',), ('yezhan1',), ('zizhushi',))

Process finished with exit code 0
```

图 9-10 创建数据库 StuIfo

从图 9-10 可以看出，程序创建了数据库 StuIfo。目前，在 MySQL 中，已经存在的数据库有
information_schema、mysql、performance_schema、StuIfo、sys、yezhan1 和 zizhushi。

虽然数据库创建成功，但还有以下几个问题需要注意。

① 数据库重名的问题。

拟创建的数据库可能和已有的数据库重名。因此，一般在创建数据库时使用以下 SQL 语句。

```
CREATE DATABASE IF NOT EXISTS my_db
```

该语句告诉程序，如果不存在数据库 my_db 则创建该数据库。这样就避免了因数据库重名，
在创建数据库时产生错误。

② 尽量使用 try...except 结构。

在连接数据库时，可能会因为没有网络、登录名或登录密码错误等多种原因连接不上数据库，
也可能在创建数据库的过程中，因某种原因断开连接，因此在实际的数据库项目开发中，常常使用
try...except 结构进行数据库创建。示例如下。

```
import pymysql
#连接本地数据库，登录名为 root，密码为 1234
cnn = pymysql.connect(host='localhost',user='root',password='1234')
cursor = cnn.cursor()                       #创建一个游标对象
#创建数据库
sql = "CREATE DATABASE StuIfo"              #创建 SQL 语句
try:
    cursor.execute(sql)                     #通过游标执行 SQL 语句
    cursor.execute("SHOW DATABASES;")       #查看有哪些数据库
    print(cursor.fetchall())                #查看返回结果
    cursor.close()                          #关闭游标
    except Exception as e:
        raise e                             #如果有创建异常，抛出异常
finally:
    db.close()                              #关闭数据库连接
```

③ 增加 MySQL 的安装端口号。

MySQL 的默认安装端口号是 3306。

通过 Python 程序访问 MySQL 时，如果发现 IP、登录名和登录密码均正确，但仍然无法访问数据库，就应该考虑在安装 MySQL 时是否更改过相应的端口号。

连接 MySQL 时设置端口号的语句如下。

```
import pymysql
#连接本地数据库，登录名为 root，密码为 1234，端口号为 3306
cnn = pymysql.connect(host='localhost',user='root',password='1234',port=3306)
```

（5）数据库连接池。

在 Python 中可以使用 PyMySQL 对数据库进行操作，但是每次进行数据库操作时都要重新建立与数据库的连接，而且访问达到一定数量时会大大耗费资源。因此，在实际使用中，通常会使用数据库的连接池技术访问数据库，达到资源复用的目的。数据库连接池其实和数据库建立了持续的 TCP 连接，从而实现数据库资源的复用。

数据库连接池（Connection Pool）是由程序启动时建立的足够多的数据库连接组成的池，由程序动态地对池中的连接进行申请、使用和释放。数据库连接池的运行机制如下。

- 程序初始化时创建数据库连接池。
- 使用时向数据库连接池申请可用连接。
- 使用完毕，将连接返还给数据库连接池。
- 程序退出时断开所有连接，并释放资源。

需要注意的是，数据库连接池需要下载相应的安装包。具体可以参考相关数据库连接池的使用说明。

9.2.2 创建和管理数据表

数据信息是保存在数据表中的。因此，在创建完数据库后，就需要根据信息的类别建立不同的数据表以保存数据。数据库中关于数据表的操作包括创建表、修改表结构、修改表名、修改表时加入异常控制、删除表等。

1. 创建表

创建表的 SQL 语法如下。

```
CREATE TABLE 表名称
(
```

```
列名称 1 数据类型,
列名称 2 数据类型,
列名称 3 数据类型,
...
)
```

例如，创建一个包含学号（stuid）、姓名（stuname）和性别（stusex）3 列的学生表的 SQL 语句如下。

```
create table stu
(stuid int,
stuname string,
stusex char
)
```

另外，MySQL 中默认的编码格式为 latin1，但是 latin1 编码对中文不是很友好。所以，为了提升表对中文的支持能力，可以在后面加上"DEFAULT CHARSET=utf8"，从而将该表的编码格式设置为 UTF-8。

【案例 9-3】使用 PyMySQL 创建表 stu。

```
import pymysql
#连接本地数据库，登录名为 root，密码为 1234
cnn = pymysql.connect(host='localhost',user='root',password='1234')
cursor = cnn.cursor()    #创建一个游标对象
#连接已有数据库
sql = "USE stuifo"
cursor.execute(sql)                    #通过游标执行 SQL 语句
sql="CREATE TABLE stu (stuid char(20),stuname char(20),stusex char(2))"
cursor.execute(sql)
#关闭数据库连接
cursor.close()
cnn.close()
```

PyMySQL 管理
数据表

以上程序执行后没有异常报错，说明数据库创建成功，如图 9-11 所示。

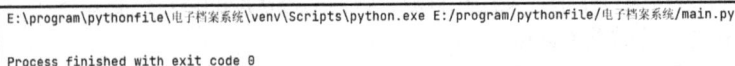

```
E:\program\pythonfile\电子档案系统\venv\Scripts\python.exe E:/program/pythonfile/电子档案系统/main.py

Process finished with exit code 0
```

图 9-11　创建表 stu

这时，打开 MySQL，可以看到已经创建的表 stu，如图 9-12 所示。

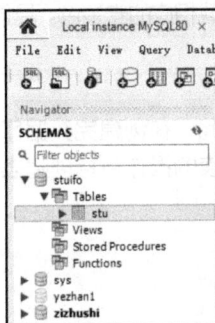

图 9-12　已经创建的表 stu

与创建数据库一样，为了避免新创建的表与数据库中现有的表重名造成异常，可以采用以下几种方式进行表的创建。

（1）用 IF 语句判断表是否存在。

通过 IF 语句，可以在拟创建表时确定数据库中是否有同名的其他表。对应的创建数据库的 SQL 语句如下。

```
CREATE TABLE IF NOT EXISTS 表名称
(
列名称 1 数据类型,
列名称 2 数据类型,
列名称 3 数据类型,
...
)
```

（2）用 show 语句提前查看数据库中已有的表。

【案例 9-4】查看数据库中已有的表。

```
import pymysql
#连接本地数据库，登录名为 root，密码为 1234
cnn = pymysql.connect(host='localhost',user='root',password='1234')
cursor = cnn.cursor()    #创建一个游标对象
#连接已有数据库
sql = "USE stuifo"
cursor.execute(sql)                      #通过游标执行 SQL 语句
sql="show tables"
cursor.execute(sql)
#关闭数据库连接
print(cursor.fetchall())
cursor.close()
cnn.close()
```

上述程序的运行结果如图 9-13 所示。

```
E:\program\pythonfile\电子档案系统\venv\Scripts\python.exe E:/program/pythonfile/电子档案系统/main.py
(('stu',),)

Process finished with exit code 0
```

图 9-13　查看数据库中已有的表

从图 9-13 可以看出，目前数据库中存在一个名称为"stu"的表。此时，若需要再创建表，则应设置其他的表名称。

2. 修改表结构

在创建完表之后，在使用过程中，如果发现表的列不满足需求，可以对表的结构进行修改。修改表结构的操作包含增加字段、删除字段等。

（1）增加字段。

在表的使用过程中，如果发现表的已有字段不够，则可以通过增加表的字段改变表结构。增加字段的语法如下。

```
alter table 表名称 add 字段名称 字段类型
```

【案例 9-5】在表 stu 中增加年龄字段（age），字段数据类型为 char(2)。

```
import pymysql
#连接本地数据库，登录名为root，密码为1234
cnn = pymysql.connect(host='localhost',user='root',password='1234')
cursor = cnn.cursor()    #创建一个游标对象
#连接已有数据库
sql = "USE stuifo"
cursor.execute(sql)                    #通过游标执行SQL语句
sql="ALTER TABLE stu add age char(2)"
cursor.execute(sql)
#关闭数据库连接
cursor.close()
cnn.close()
```

上述程序执行完后没有异常报错，说明字段已经成功增加，如图9-14所示。

```
E:\program\pythonfile\电子档案系统\venv\Scripts\python.exe E:/program/pythonfile/电子档案系统/main.py

Process finished with exit code 0
```

图9-14 增加字段age

这时，打开MySQL，可以看到表stu中增加了字段age，如图9-15所示。

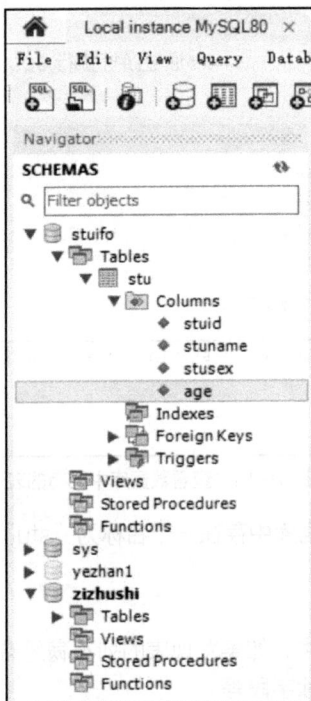

图9-15 已经增加了字段age

（2）删除字段。

在表的使用过程中，如果发现表的某些字段并不需要，则可以通过删除表的字段改变表结构。删除字段的语法如下。

```
alter table 表名称 drop column 字段名称
```

【**案例 9-6**】在表 stu 中删除年龄字段。

```
import pymysql
#连接本地数据库,登录名为 root,密码为 1234
cnn = pymysql.connect(host='localhost',user='root',password='1234')
cursor = cnn.cursor()    #创建一个游标对象
#连接已有数据库
sql = "USE stuifo"
cursor.execute(sql)                        #通过游标执行 SQL 语句
sql="ALTER TABLE stu drop column age"
cursor.execute(sql)
#关闭数据库连接
cursor.close()
cnn.close()
```

上述程序的执行完后没有异常报错,说明字段已经成功删除,如图 9-16 所示。

```
E:\program\pythonfile\电子档案系统\venv\Scripts\python.exe E:/program/pythonfile/电子档案系统/main.py

Process finished with exit code 0
```

图 9-16 删除字段 age

这时,打开 MySQL,可以看到表 stu 中删除了字段 age,如图 9-17 所示。

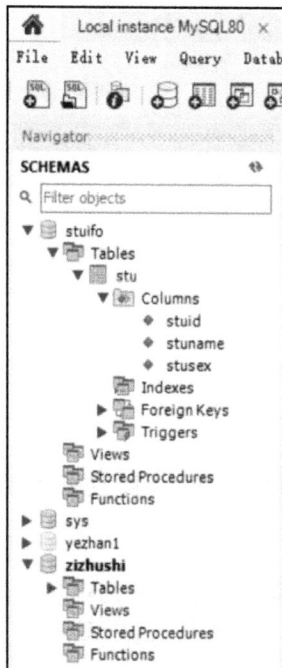

图 9-17 已经删除了字段 age

3. 修改表名

在表的使用过程中,如果发现已有表的名字需要调整,则可以对表名进行修改,语法如下。

```
alter table 表名称 rename to 新表名
```

【案例 9-7】 将表 stu 的名称改为 "student"。

```
import pymysql
#连接本地数据库，登录名为 root，密码为 1234
cnn = pymysql.connect(host='localhost',user='root',password='1234')
cursor = cnn.cursor()      #创建一个游标对象
#连接已有数据库
sql = "USE stuifo"
cursor.execute(sql)                        #通过游标执行 SQL 语句
sql="ALTER TABLE stu rename to student"
cursor.execute(sql)
#关闭数据库连接
cursor.close()
cnn.close()
```

这时，打开 MySQL，可以看到表名已经修改，如图 9-18 所示。

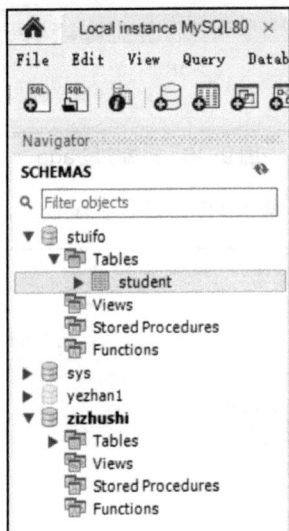

图 9-18　已经修改了表名

4. 修改表时加入异常控制

如同数据库操作一样，在表结构的修改过程中，为了防止异常造成程序非正常终止，也建议在操作表时加入异常控制。

【案例 9-8】 在给表 stu 增加地址列（add）时，使用 try...except 结构。

```
import pymysql
#连接本地数据库，登录名为 root，密码为 1234
cnn = pymysql.connect(host='localhost',user='root',password='1234')
cursor = cnn.cursor()                #创建一个游标对象
#连接已有数据库
sql = "USE stuifo"
cursor.execute(sql)                  #通过游标执行 SQL 语句
sql="ALTER TABLE stu add add char(20)"
try:
    cursor.execute(sql)             #尝试增加新的列
```

```
except Exception as e:
    raise e                         #如果有创建异常，抛出异常
finally:
    cursor.close()
    cnn.close()
```

5. 删除表

在操作数据库的过程中，如果发现有些表是多余的，就可以把表删除。删除表的语法如下。

```
drop table 表名称
```

例如，删除表 stu 的 SQL 语句如下。

```
sql = "drop table stu"
cursor.execute(sql)                 #删除表的语句
```

9.2.3　添加和管理数据

数据库、数据表的操作最终是对数据的操作。在 MySQL 中关于数据的操作包括插入数据、查询数据、修改数据和删除数据等。

1. 插入数据

在 SQL 中，常用的插入数据的语法如下。

```
INSERT INTO 表名称 values (v1,v2,v3,...)
```

例如，在表 student 中插入一条学生信息的语句如下。

```
sql = "insert into student values ('1','zhangsan','m')"
cursor.execute(sql)                 #插入信息
```

【案例 9-9】在表 student 中插入一条学生信息。

```
import pymysql
#连接本地数据库，登录名为 root，密码为 1234
cnn = pymysql.connect(host='localhost',user='root',password=
'1234')
cursor = cnn.cursor()               #创建一个游标对象
#连接已有数据库
sql = "USE stuifo"
cursor.execute(sql)                 #通过游标执行 SQL 语句
sql="insert into student(stuid,stuname,stusex) values('1','zhangsan','m')"
cursor.execute(sql)
cnn.commit()                        #向数据库提交执行结果
#关闭数据库连接
cursor.close()
cnn.close()
```

PyMySQL 管理
数据

这时，打开 MySQL，可以看到表里面已经有一条信息了，如图 9-19 所示。

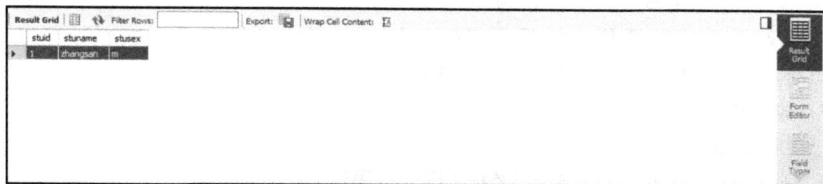

图 9-19　表中的第一条信息

2. 查询数据

在 SQL 中，常用的查询数据的语法如下。

```
select * from 表名称
```

例如，查询表 student 中学生信息的语句如下。

```
sql = "select * from student"
cursor.execute(sql)                #查询信息
```

【案例 9-10】查询表 student 中的学生信息。

```
import pymysql
#连接本地数据库，登录名为 root，密码为 1234
cnn = pymysql.connect(host='localhost',user='root',password='1234')
cursor = cnn.cursor()              #创建一个游标对象
#连接已有数据库
sql = "USE stuifo"
cursor.execute(sql)               #通过游标执行 SQL 语句
sql="select * from student"
cursor.execute(sql)
print(cursor.fetchall())
#关闭数据库连接
cursor.close()
cnn.close()
```

上述程序的运行结果如图 9-20 所示。

```
E:\program\pythonfile\电子档案系统\venv\Scripts\python.exe E:/program/pythonfile/电子档案系统/main.py
(('1', 'zhangsan', 'm'),)

Process finished with exit code 0
```

图 9-20　查询表中的信息

3. 修改数据

在录入数据的过程中，一些人为因素会导致数据错误，此时需要修改数据。在 SQL 中修改数据的语法如下。

```
UPDATE 表名称 SET 字段名 = 新值 WHERE 字段名=值
```

例如，修改表 student 中学生的性别信息的语句如下。

```
sql = "UPDATE student SET stusex = 'f' WHERE stuname ='zhangsan'"
cursor.execute(sql)        # 查询信息
```

其中的 SQL 语句表示将表 student 中姓名为"zhangsan"的学生的性别改为"f"。

【案例 9-11】修改表 student 中学生的性别信息。

```
import pymysql
#连接本地数据库，登录名为 root，密码为 1234
cnn = pymysql.connect(host='localhost',user='root',password='1234')
cursor = cnn.cursor()        #创建一个游标对象
#连接已有数据库
sql = "USE stuifo"
cursor.execute(sql)          #通过游标执行 SQL 语句
sql="UPDATE student SET stusex = 'f' WHERE stuname ='zhangsan'"
```

```
cursor.execute(sql)
sql ="select * from student "
cursor.execute(sql)
print(cursor.fetchall())
#关闭数据库连接
cursor.close()
cnn.close()
```

上述程序的运行结果如图 9-21 所示。

```
E:\program\pythonfile\电子档案系统\venv\Scripts\python.exe E:/program/pythonfile/电子档案系统/main.py
(('1', 'zhangsan', 'f'),)

Process finished with exit code 0
```

图 9-21　修改表中的信息

4. 删除数据

在录入数据的过程中，一些人为因素会导致数据重复录入，此时需要删除多余的数据。在 SQL 中删除数据的语法如下。

```
DELETE FROM 表名称 WHERE 删除条件
```

例如，删除表 student 中姓名为 "zhangsan" 的学生信息的语句如下。

```
sql = "delete from student WHERE stuname ='zhangsan'"
cursor.execute(sql)          #查询信息
```

其中的 SQL 语句表示将表 student 中姓名为 "zhangsan" 的学生的信息删除。

【案例 9-12】删除表 student 中姓名为 "zhangsan" 的学生信息。

```
import pymysql
#连接本地数据库，登录名为 root，密码为 1234
cnn = pymysql.connect(host='localhost',user='root',password='1234')
cursor = cnn.cursor()        #创建一个游标对象
#连接已有数据库
sql = "USE stuifo"
cursor.execute(sql)          #通过游标执行 SQL 语句
sql="delete from student WHERE stuname ='zhangsan'"
cursor.execute(sql)
cnn.commit()
#关闭数据库连接
cursor.close()
cnn.close()
```

上述程序执行完毕后打开 MySQL，可以看到，表中已经没有学生 zhangsan 的相关信息了，如图 9-22 所示。

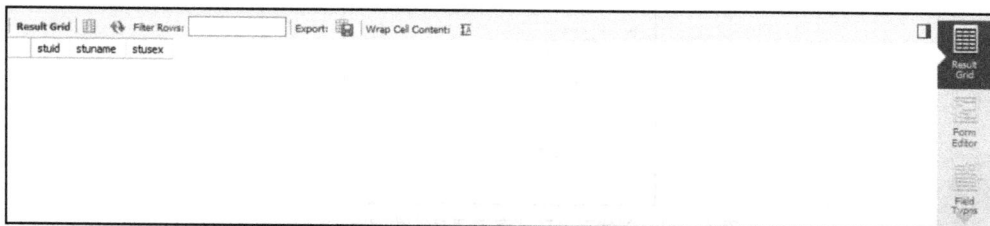

图 9-22　表中的数据被删除

181

9.3 任务实施

数据库提供了强大的查询和分析功能，可以快速检索和分析大量的数据。通过 SQL 等查询语言，可以方便地执行各种复杂的数据查询和分析操作，从而帮助用户更好地理解数据和获取有用的信息。数据库还提供了高效的数据存储和检索机制，可以满足多用户环境下的数据管理需求。它通常具有良好的安全性，可以进行数据加密、访问控制、权限管理等，保护数据免受未经授权的访问和恶意攻击。本节将通过 Python 操作 MySQL，实现对电子档案管理系统的数据库、数据表和数据的基本管理。

9.3.1 任务一：电子档案管理系统的数据库管理

随着档案信息越来越多，很多单位都已经建立了电子档案管理系统。通过在服务器上部署 MySQL、Microsoft SQL Server 或者 Oracle 数据库，完成对电子档案的数据环境的建设。可以说，数据库就是电子档案管理系统的地基。

【案例 9-13】连接本地 MySQL，利用游标在 MySQL 中创建电子档案管理系统数据库 files_db。

```
import pymysql
#连接本地数据库，登录名为 root，密码为 1234
cnn = pymysql.connect(host='localhost',user='root',password=
'1234')
cursor = cnn.cursor()                    #创建一个游标对象
#创建数据库
sql = "CREATE DATABASE files_db"  #创建数据库的 SQL 语句
cursor.execute(sql)                      #通过游标执行 SQL 语句
#关闭数据库连接
cursor.close()
cnn.close()
```

PyMySQL 管理数据（复杂 SQL 操作）

上述程序运行完毕后打开 MySQL，可以看到，电子档案管理系统数据库 files_db 已经建立，如图 9-23 所示。

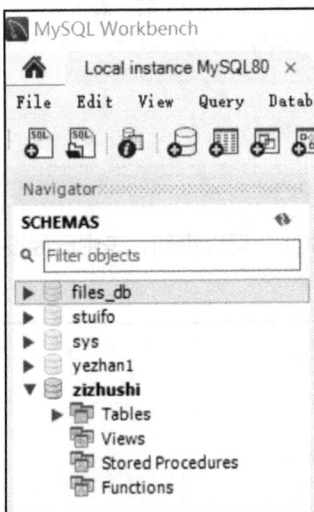

图 9-23　创建了电子档案管理系统数据库 files_db

9.3.2 任务二：电子档案管理系统的数据表管理

无论是纸质档案还是电子档案，都需要档案存放地备查表、归档案卷目录表、档案目录卡、档案明细表等。因此，电子档案管理系统的数据库中也应该建立这些表格，方便后续使用。

【案例 9-14】在电子档案管理系统数据库 files_db 中通过游标对象建立相应的电子档案管理表格，包括档案存放地备查表（file_add_t）、归档案卷目录表（file_reco_t）、档案目录卡（file_cata_t）、档案明细表（file_deta_t）等。

以档案明细表为例，该表包含的实际内容如表 9-2 所示。

表 9-2　档案明细表内容

保险库号		柜位号		拟存至日期			
公司	部门	文件名称	类别	入库日期	出库日期	签收人	

根据表 9-2 设计电子档案管理系统数据库 files_db 中档案明细表的字段，如表 9-3 所示。

表 9-3　档案明细表的字段

字段名称	字段类型	长度	主键	非空	描述
K_id	int	8	是	是	保险库号
G_id	int	8		是	柜位号
End_Date	DATE			是	拟存至日期
Comp	varchar	20		是	公司
Depa	varchar	20		是	部门
File_name	varchar	30		是	文件名称
File_type	varchar	20		是	文件类别
In_DB_Date	DATE			是	入库日期
Out_DB_Date	DATE			是	出库日期
Rec_name	varchar	10		是	签收人

在数据库 files_db 中创建上述表格，代码如下。

```
import pymysql
#连接本地数据库，登录名为 root，密码为 1234
cnn = pymysql.connect(host='localhost',user='root',password='1234')
cursor = cnn.cursor()    #创建一个游标对象
#连接已有数据库
sql = "use files_db"
cursor.execute(sql)                    #通过游标执行 SQL 语句
sql="create table file_deta_t (K_id int,G_id int,End_Date DATE, \
Comp varchar(20), Depa varchar(20), File_name varchar(30), \
File_type varchar(20), In_DB_Date DATE, Out_DB_Date DATE, \
Rec_name varchar(10))"
cursor.execute(sql)
```

```
#关闭数据库连接
cursor.close()
cnn.close()
```

上述程序运行完毕后打开 MySQL，可以看到，档案明细表 file_deta_l 已经建立，如图 9-24 所示。

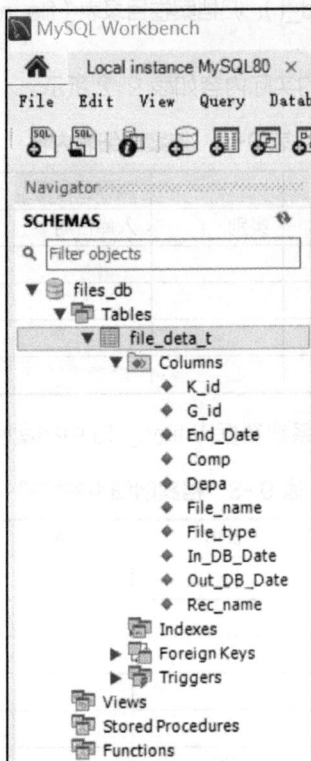

图 9-24　创建了档案明细表 file_deta_t

9.3.3　任务三：电子档案管理系统的数据管理

档案就是数据。在创建完上述表格后，就应该将相应的数据填入上述表格中。数据的填写方式包括从已有的信息系统中导入数据、手工录入数据、从电子表格中直接追加数据等。这里以手工录入数据为例。

【案例 9-15】在创建好的档案明细表 file_deta_t 中录入数据。其中一条信息为 "2,2,'2032-10-10','CMD','DEV','employ_file','em_info','2022-02-01','2022-02-05','zhangsan'"。将该条信息录入表中。

```
import pymysql
#连接本地数据库，登录名为 root，密码为 1234
cnn = pymysql.connect(host='localhost',user='root',password='1234')
cursor = cnn.cursor()    #创建一个游标对象
#连接已有数据库
sql = "use files_db"
cursor.execute(sql)                    #通过游标执行 SQL 语句
sql="insert into file_deta_t(K_id,G_id,End_Date,Comp,Depa,\
    File_name,File_type,In_DB_Date,Out_DB_Date,Rec_name) \
```

```
        values(2,2,'2032-10-10','CMD','DEV','employ_file',\
        'em_info','2022-02-01','2022-02-05','zhangsan') "
cursor.execute(sql)
cnn.commit()
#关闭数据库连接
cursor.close()
cnn.close()
```

上述程序运行完毕后打开 MySQL，可以看到，档案明细表 file_deta_t 中加入了一条信息，如图 9-25 所示。

图 9-25　在档案明细表 file_deta_t 中录入数据

创建完电子档案管理系统数据库 files_db 后，就可以开发电子档案系统了。在电子档案管理系统中，可以对档案中的信息进行浏览、添加、删除等操作。

9.4 拓展创新

Python 支持目前常用的数据库，如 SQLite、MySQL、Oracle、Microsoft SQL Server、MongoDB 等。Python 本身内置了操作 SQLite 的相应模块，不需要额外安装数据库管理系统及第三方扩展库。

SQLite 是一个轻量级的关系数据库，它的设计目标是嵌入式的，因此它在一些嵌入式产品中应用比较广泛。SQLite 中单个数据库最大为 140TB，每个数据库完全存储在单个磁盘文件中，一个数据库就是一个文件，直接复制数据库文件就可实现数据库的备份。

在 SQLite 中，一个数据库可由多个数据表组成，一个数据表就是一张二维表格。每张表格都有一个名字，且名称必须是唯一的。

Python 与 SQLite
数据库的操作

表由若干条记录构成。每条记录包含若干个字段。每个字段的名称也必须是唯一的，每个字段都有对应的数据类型和取值范围。

Python 操作 SQLite 的基本步骤如下。

（1）建立数据库连接。

```
con = sqlite3.connect(<数据库名>)
```

功能：建立与指定数据库的连接，如果指定的数据库不存在，会自动创建该数据库。连接成功后返回一个与数据库关联的 connection 对象。con 为自行指定的 connection 对象名。

（2）从连接对象获取游标对象 cursor。

```
cur = con.cursor()
```

功能：从数据库连接对象获取游标对象 cursor。con 为上一步中数据库连接成功后的 connection 对象。cur 为自行指定的游标对象名。

（3）执行相应的 SQL 语句。

```
cur.execute(sql)
```

功能：执行 SQL 语句。cur 为从数据库连接对象获取的游标对象。

说明：SQL 语句的执行既可利用游标对象 cursor 的 execute()方法，也可直接利用数据库连接对象 connection 的 execute()方法。

（4）提交事务。

```
con.commit()
```

功能：提交所有的操作，把更新写入数据库中。

（5）关闭游标对象和数据库连接。

```
cur.close()          #关闭游标对象
con.close()          #关闭数据库连接
```

功能：关闭游标对象和数据库连接，释放相应的资源。

【案例 9-16】使用 Python 操作 SQLite。

```
import sqlite3
conn = sqlite3.connect('test.db')
print ("数据库打开成功")
c = conn.cursor()
c.execute('''CREATE TABLE COMPANY
    (ID INT PRIMARY KEY      NOT NULL,
    NAME          TEXT    NOT NULL,
    AGE           INT     NOT NULL,
    ADDRESS       CHAR(50),
    SALARY        REAL);''')
conn.commit()
c.execute("INSERT INTO COMPANY (ID,NAME,AGE,ADDRESS,SALARY) \
    VALUES (1, 'Paul', 32, 'California', 20000.00 )")
conn.commit()
cursor = c.execute("SELECT id, name, address, salary  from COMPANY")
for row in cursor:
    print("ID = ", row[0])
    print("NAME = ", row[1])
    print("ADDRESS = ", row[2])
    print("SALARY = ", row[3], "\n")
conn.close()
```

Python 与 Mongdb
数据库的操作 1

Python 与 Mongdb
数据库的操作 2

该程序的运行结果如图 9-26 所示。

```
E:\program\pythonfile\异常管理系统\venv\Scripts\python.exe E:/program/pythonfile/异常管理系统/main.py
数据库打开成功
ID =  1
NAME =  Paul
ADDRESS =  California
SALARY =  20000.0


Process finished with exit code 0
```

图 9-26　在 SQLite 中创建数据库并完成数据操作

从本例可以看出，在连接数据库 test.db 时，如果数据库不存在，SQLite 会自动创建一个，而不像 MySQL 一样需要提前创建，如果不创建，则会报错。

9.5 项目小结

数据库是任何软件项目都会涉及的一个内容。因此，数据库设计的好坏、数据表的关联程度都直接影响着软件项目的开发效率和功能实现。本项目的 3 个任务就是通过调用相关函数，实现对数据库、数据表的创建和管理，以及对数据的增删改查等功能，从而完成对数据库的管理工作。

【素质拓展】国产数据库创新与新时代北斗精神

在新时代北斗精神的引领下，中国科技领域不断突破技术壁垒，国产数据库的崛起正是这一精神的生动体现。北斗卫星导航系统从无到有、从区域到全球的跨越，彰显了"自主创新、开放融合、万众一心、追求卓越"的核心价值。而国产数据库的发展历程，同样书写了从依赖进口到自主可控、从追赶者到引领者的壮丽篇章。两者的共同内核，在于以技术创新为驱动，以国家战略需求为导向，以自立自强为使命，为中国科技强国梦注入澎湃动力。

国产数据库的突破，首要归功于自主创新的坚持。过去，中国数据库市场长期被 Oracle、IBM 等国外巨头垄断，核心技术受制于人。然而，随着 GaussDB、OceanBase、PolarDB 等国产数据库的崛起，这一局面被彻底改写。以国产数据库 GaussDB 为例，其基于分布式架构的设计，支持 PB 级数据存储与毫秒级响应，在金融、政务等关键领域实现了对国外产品的替代。这种突破的背后，是无数科研人员日夜攻关，攻克了事务一致性、高可用性等核心技术难题，体现了北斗系统"关键核心技术必须牢牢掌握在自己手中"的信念。

国产数据库的崛起，不仅是技术进步的缩影，更是新时代北斗精神的延续。它证明，唯有坚持自主创新、开放协作、聚焦国家需求，才能在科技竞争中占据主动。未来，随着人工智能、量子计算等新技术的融合，国产数据库必将以更开放的姿态、更卓越的性能，赋能千行百业，与北斗系统一道，成为支撑中国迈向科技强国的"双翼"。

【课后任务】

一、填空题

1. 关系数据库是建立在关系模型基础之上的数据库，其数据以_____的形式存储。
2. PyMySQL 是一个纯 Python 实现的_____客户端操作库。
3. 可以通过_____命令安装 PyMySQL。
4. PyMySQL 使用_____对象来执行创建和删除数据库的 SQL 语句。
5. MySQL 的默认安装端口号是_____。

二、判断题

1. PyMySQL 使用 cursor()方法来创建游标对象。（   ）
2. 在 PyMySQL 中可以用 exeQuery()方法来执行 SQL 语句。（   ）
3. 在 PyMySQL 中使用 commit()方法提交数据库更改。（   ）
4. 在执行完 SQL 语句后，使用 getall()方法获得执行结果。（   ）
5. 数据库连接池中的连接一旦创建就不可改变。（   ）

三、选择题

1. 为了防止数据库重名，在 MySQL 中创建数据库的时候常使用（   ）关键字。
   A. limit   B. exists   C. finally   D. alter

2. 在 MySQL 中，插入数据使用（　　）关键字。

    A. alter   B. insert   C. delete   D. drop

3. 在 MySQL 中，删除表使用（　　）关键字。

    A. alter   B. insert   C. delete   D. drop

4. 在 MySQL 中，删除记录使用（　　）关键字。

    A. alter   B. insert   C. delete   D. drop

5. Python 中内置的数据库是（　　）。

    A. SQLite   B. MySQL   C. Oracle   D. Redis